# CHICKEN 닭요리

# CONTENTS

# 맛과 영양이 풍부한 닭,
# 우리 몸의 보양식입니다

삼복더위에는 뭐니 뭐니 해도 뚝배기에서 펄펄 끓는 삼계탕이 최고지요. 동양에서는 닭고기를 성질이 따뜻하고 오장을 편하게 하는 식품으로 평가하며, 일상식은 물론 보양식의 단골 재료로 애용했습니다. 특히 보양식으로 조리했을 때 다른 고기와 달리 한 마리를 모두 먹을 수 있어, 신체에 필요한 거의 모든 영양분을 골고루 섭취할 수 있습니다.

닭고기는 저칼로리면서 양질의 단백질을 많이 함유하고 있어 두뇌 활동과 세포 소식의 생성을 원활하게 합니다. 또한, 풍부한 필수아미노산이 뇌신경 전달 물질의 활동을 촉진해 스트레스 해소에도 도움을 주지요. 불규칙한 생활과 신체 활동 부족으로 쉽게 피로하고, 다이어트와 편식으로 영양 섭취가 불균형하며, 만성 스트레스에 시달리는 현대인에게 닭고기야말로 가장 알맞은 단백질 식품이 아닐까요?

온 국민이 즐겨 먹는 식재료인 만큼 다양한 레시피로 남녀노소 누구나 좋아할 만한 메뉴를 선별해 구성했습니다. 우리에게 익숙하고 정겨운 요리부터 최근에 인기 있는 시판 요리, 색다르게 즐기는 별미 요리, 체중 조절 효과가 탁월한데 맛까지 훌륭한 저칼로리 요리까지, 닭고기를 활용해 만든 72가지 레시피를 소개합니다.

**닭에 관한 보는 것**에서는 좋은 닭고기를 고르는 법과 부위별 특징, 닭고기 요리에 어울리는 부재료를 소개하고, 손질법과 보관법에 관한 정보를 수록했습니다.

**레시피는** 4인분 기준이며, 재료, 밑간, 반죽, 양념 등으로 나누어 표시했습니다(다이어트 요리는 1인분 기준으로 표시했습니다).

**계량 단위는** 계량스푼과 계량컵을 기준으로 표시했습니다(1큰술은 15ml, 1작은술은 5ml, 1컵은 200ml).

**닭의 크기는** 주로 호수와 그램(g)을 병기해서 표시했습니다.

**팁에는** 조리 과정에서 참고하거나 유의해야 할 사항을 꼼꼼하게 표시했습니다.

**책 속에는** 사 먹는 것보다 맛있는 치킨 레시피를 공개하는 '**닭은 역시 튀겨야 제맛, 치킨 요리**', 닭으로 만들 수 있는 다양한 별미 요리를 소개하는 '**맛깔나는 닭의 변신, 일품 요리**', 반찬으로 먹기 좋은 요리법을 모은 '**집밥이 꿀맛 되는 반찬 요리**', 기력이 펄펄 솟는 요리 비법을 담은 '**뼛속까지 든든한 보양 요리**', 칼로리 걱정 없는 '**담백하고 든든한 다이어트 요리**'로 알차게 구성되어 있습니다.

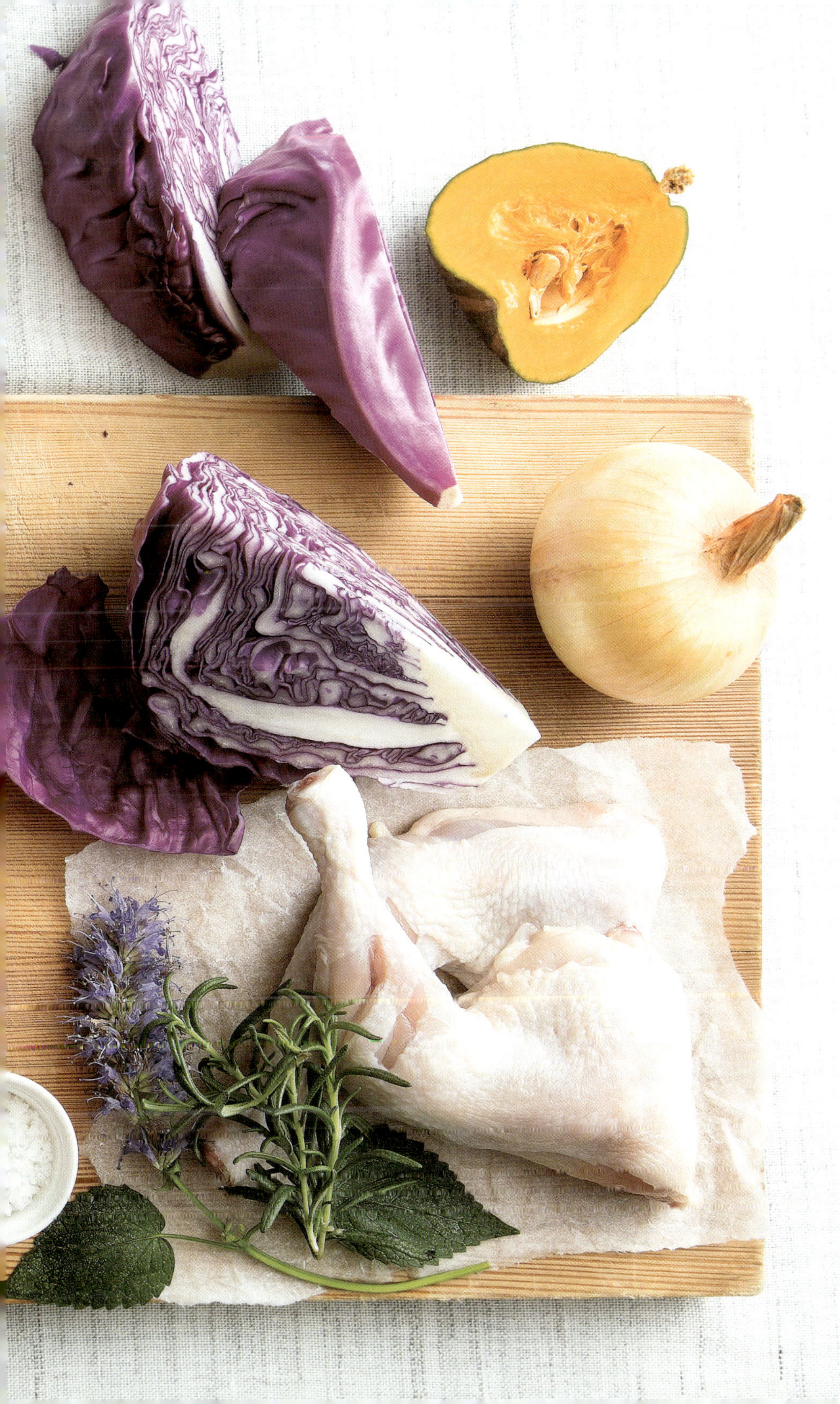

# All About Chicken

# 닭에 관한 모든 것

# CHOICE 닭 고르는 요령

닭고기는 위생적으로 포장된 것을 구입하되 생산일자, 유통기한, 보관 상태(냉장 또는 냉동)를 확인하고 고기의 색깔, 윤기와 탄력을 잘 살펴서 구매해야 한다.

| | |
|---|---|
| **생후 1년 이하의 닭을 고른다** | 생후 1년 이하의 닭고기가 가장 맛이 좋고 신선하다. 쇠고기나 돼지고기이 경우 숙성할수록 고기 맛이 좋아지는 것에 반해 닭고기는 바로 잡은 것일수록 맛이 좋다. 또한, 어린 닭일수록 육질이 부드럽기 때문에 생후 1년 이하의 어린 닭을 고르는 것이 좋다. |
| **살집과 껍질을 확인한다** | 신선한 닭은 가슴 부분이 도톰하게 솟아 있고, 살집이 분홍색을 띠며, 통통하면서도 탄력이 있다. 손으로 살을 눌렀을 때 금방 원래 상태로 돌아오는지 확인해보자. 또한, 껍질이 크림색으로 윤기가 돌고, 닭살이 볼록볼록하게 돋아 있을수록 신선하다. |
| **신선한 생닭과 냉동 닭의 차이점** | 요리한 닭이 생닭인지 냉동 닭인지는 조리 후 닭 뼈의 표면과 주변 근육 조직이 검붉은 갈색 또는 흑색이 되는 흑변 현상을 통해 구별할 수 있다. 생닭을 사용했다면 닭 뼈 양쪽 끝과 연골 주위가 연한 흑색을 띠나, 냉동 닭을 사용한 경우 진한 흑색을 띤다. |

# PART 닭 부위

| | |
|---|---|
| 윙 | 닭날개의 가운데 부위 또는 아래쪽 부위(아래 날개). 다른 부위에 비해 지방이 많은 편이지만 비타민A와 콜라겐 함량이 뛰어나 바비큐, 튀김, 조림 등에 많이 활용한다. 특히 아이들이 좋아해서 부분육으로도 많이 유통된다. 껍질에 윤기가 돌고 모공이 겉으로 튀어나와 있는 것이 신선하다. |
| 봉 | 닭날개의 몸통 쪽 부위(윗 날개). 닭의 몸통에 붙은 날개 부위로 윙보다 살이 많다. 주로 튀김, 조림, 구이 등으로 활용되며, 생육일 때 말라 있지 않고 윤기가 날 정도로 수분이 있는 것과 만졌을 때 탄력이 있는 것이 좋다. |
| 닭다리 | 닭의 몸통에 붙어 있는 다리 전체(통다리). 근육량이 많고 조직이 단단한 편이다. 닭다리에서 뼈를 발라낸 순 살코기를 정육이라고 하는데 사이사이에 힘줄이 있어 식감도 좋은 편이다. 찜, 구이, 국물 요리, 튀김, 볶음 등 다양한 요리에 활용할 수 있다. 닭다리 윗부분(넓적다리)의 사이사이에서 뼈를 발라낸 순 살코기를 사이 정육이라고 한다. |
| 북채 | 넓적다리를 떼어낸 다리 부위로 북채 모양이라 해서 이름 붙여졌다. 운동량이 많은 부위라 육질이 단단하고 적당한 지방으로 식감이 좋은 편이다. 닭의 부위 중 가장 인기 있는 부위기 때문에 튀김, 바비큐, 커틀릿, 찜, 국 등 다양한 요리에 활용한다. |
| 가슴살 | 닭 1마리를 손질하면 2조각이 나온다. 저지방, 고단백으로 담백한 맛과 부드러운 식감 덕분에 샐러드, 수프, 냉채, 튀김, 구이, 찜 등 다양한 요리에 활용된다. 너무 오래 조리하게 되면 퍽퍽하기 때문에 조리 시간을 잘 지키는 것이 좋다. 생육일 때 탄력이 좋으며 핑크빛을 띠는 것이 신선하며, 냄새가 나거나 만졌을 때 끈적거린다면 상했을 가능성이 높다. |
| 안심 | 가슴살 안쪽의 살로 가슴살에 깊이 붙어 있는 부위인데 가슴살보다 더 부드럽다. 대나무 잎 모양으로 지방이 적기 때문에 담백한 맛을 느낄 수 있다. 단백질 함유량이 높고 소화가 잘되며, 영양이 뛰어나 환자들의 유동식으로도 좋다. |

| 근위 | 닭의 모래주머니로 일명 '닭똥집'으로 불리는 부위다. 닭의 위를 둘러싼 근육으로 단백질이 많으며 지방은 거의 없다. 쫄깃하면서 오도독거리며 씹는 맛이 좋아 볶음, 조림, 구이 등으로 다양하게 활용된다. 칼집을 내서 요리하면 더 부드럽게 먹을 수 있다. 근육질 부분이 청색을 띠고 만졌을 때 탄력이 있는 것, 표면이 말라 있지 않으면서 냄새가 나지 않는 것이 좋다. |

| 닭발 | 콜라겐이 다른 부위에 비해 월등히 많은 것이 특징이며 삶았을 때 쫀득한 식감이 좋다. 요즘은 뼈 닭발과 유뼈 닭발이 유통되는데, 특히 무뼈 닭발을 많이 선호한다. 주로 볶음용으로 사용되지만 진한 닭육수를 낼 때노 유용하다. 닭발은 푹 끓여서 틀에 넣고 식혀서 썰면 쫀득한 편육이 되는데 이것을 다양한 요리에 활용할 수 있다. |

| 닭껍질 | 콜라겐·비타민·단백질이 많은 부위로, 쫄깃하고 부드러운 식감에 고소한 맛이 특징이다. 살코기에 비해 지방이 많아 칼로리가 걱정되거나 다이어트를 하는 사람들은 잘 먹지 않지만, 껍질 아래 지방을 잘 제거하면 훌륭한 요리 재료가 된다. 무침, 조림, 꼬치구이 등에 쓰인다. |

| 닭 판매 호수 | 5~16호까지 각 호당 100g씩 차이가 있다. 닭은 호수별로 판매되기도 하고 용도에 따라 삼계, 영계용, 볶음용 등으로 따로 부리해서 판매되기도 한다. 9호부터는 주로 배숙용으로 판매된다. |

# INGREDIENTS 닭에 어울리는 부재료

**생강**
매콤하고 알싸하면서도 약간의 단맛이 있다. 몸을 따뜻하게 하는 성질이 있어 감기 예방에 좋고, 육류나 생선의 비린내를 잡아주는 역할을 한다. 단백질 분해 효소가 들어 있어 특히 고기와 함께 먹었을 때 소화를 돕는다.

**부추**
동의보감에 따르면 부추는 오장을 편안하게 하고 위의 열기를 없애며, 기운이 없거나 체력이 떨어졌을 때 양기를 회복시켜 준다고 한다. 부추의 매운맛을 내는 '황화일릴'이라는 성분은 닭고기에 함유된 비타민B1과 결합할 때 '알리티아민'이라는 피로 해소 물질을 생성한다.

**고추**
칼칼한 맛이 식욕을 돋우는 고추는 항산화 작용을 하는 베타카로틴과 비타민C가 풍부해 단백질이 풍부한 닭고기와 함께 섭취하면 동맥경화를 예방하는 효과가 있다. 색깔이 선명하고 꼭지가 잘 붙어 있는 것, 과육이 두껍고 통통한 것이 신선하다.

**황기**
성질이 따뜻하고 독이 없어 인삼처럼 기운을 북돋아 주고 땀나는 것을 막아주는데, 특히 삼계탕에 넣어 먹으면 기운이 펄펄 나게 된다. 가는 모양으로 작은 가지 뿌리가 붙어 있고 연한 황색을 띠는 것이 좋다. 삼계탕을 조리할 때 닭고기에 쓴맛이 배어드는 것이 싫다면 황기만 끓여 그 물에 삼계탕 재료를 넣고 삶아 조리해도 된다.

**당귀**
성질이 따뜻하고 달고 시며, 쓴맛도 약간 있어 식욕을 증진시킨다. 보혈 작용을 해 철분이 풍부한 닭고기와 함께 먹으면 빈혈을 예방하는 데 도움을 준다. 또한, 혈액 순환을 원활하게 하는 효과가 있다. 몸통이 크고 잔뿌리가 적으며, 얼룩이 없는 것을 고르는 것이 좋다.

**엄나무**
삼계탕 국물을 낼 때 엄나무 껍질을 넣으면 닭고기의 기름기와 잡내를 잡아 주어 국물 맛이 담백하고 깔끔해진다. 열을 내리고 간과 장을 보호하며, 기력을 보충해주는 효과가 있는 엄나무는 껍질이 깨끗하고 잘 마른 것이 좋다.

**참기름**
닭고기를 조리할 때 참기름을 사용하면 누린내를 제거할 수 있고 맛도 깊어진다. 고소한 맛으로 음식의 풍미를 더해 주지만 가열하면 향이 날아가 버리거나 쓴맛이 나기도 한다. 요리에 활용할 때는 불을 끈 다음 마지막에 넣어야 향이 좋다.

| 당근 | 단백질이 풍부한 닭고기에 식이섬유가 많은 당근을 곁들여 먹으면 영양 밸런스가 딱 맞다. 신선한 당근은 표면에 윤기가 돌고 미끈미끈하다. 구입할 때 꼭지 부분에 푸른빛이 돌거나 검은 반점이 있는 것은 피한다. |
|---|---|
| 오이 | 오이는 물이 많고 단단한 것으로 준비한다. 겉면에 돌기가 선명하고 흰 가루가 묻은 것처럼 보이는 게 싱싱하다. 아삭한 식감에 시원한 맛과 향이 담백한 닭고기와 잘 어울린다. 오이를 손질할 때 소금으로 문질러 씻으면 오이의 푸른 색깔이 선명해지고 더욱 신선한 맛을 낸다. |
| 어린잎 채소 | 30~40일 정도 자란 채소의 어린잎을 말한다. 씨앗에서 싹 트는 시기에 영양소 등 필수 물질을 합성하기 때문에 각종 미네랄, 비타민, 단백질, 아미노산, 효소 등이 농축돼 있다. 식감이 부드러워 담백한 닭고기 샐러드에 잘 어울린다. |
| 쪽파 | 아삭거리는 식감과 알싸한 향에 익힐수록 단맛이 나는 쪽파는 거의 모든 요리의 부재료로 쓸 수 있다. 베타카로틴과 비타민A가 풍부한 항산화 식품으로 각종 비타민과 식이섬유, 엽산, 칼륨 등이 풍부해 닭고기 요리와 궁합이 잘 맞는다. |
| 대추 | 맛이 달고 따뜻한 성질인 대추는 위장을 보호하면서 체내 철분 흡수를 도와 닭고기와 궁합이 잘 맞으며, 빈혈을 예방하는 효과가 있다. 말린 대추는 손으로 눌렀을 때 탄력이 있고 주름이 적으며, 붉은색이 선명한 것을 고르는 것이 좋다. |
| 인삼 | 몸을 따뜻하게 해 주는 성질이 있고 약리 작용을 하는 '사포닌'이 풍부해 단백질의 흡수를 도우며, 원기를 돋우는 보양 식품으로 손꼽힌다. 특히 삼계탕에 들어가는 인삼은 체내 효소를 활성화시켜 신진대사를 촉진하고 피로 해소에 좋다. 또한, 인삼의 강한 향이 닭고기의 누린내를 없애 주어 맛을 상승시킨다. |
| 유자청 | 비타민C가 풍부한 유자는 신맛과 단맛, 약간이 쌉싸래한 맛이 어우러져 있다. 위산 분비를 촉진해 소화를 돕고 입맛을 돋우므로 고기 요리와 잘 어울린다. 유자청을 만들어 숙성시키면 상큼한 향과 부드러운 단맛을 낼 수 있어 한식 샐러드 소스로 활용하기 좋다. |

| 찹쌀 | 성질이 따뜻하고 소화, 흡수가 잘되며 체내 콜레스테롤을 낮춰주는 기능이 있다. 닭고기와 함께 먹으면 콜레스테롤 섭취를 줄여주며, 영양 균형도 잘 맞다. |

| 찹쌀가루 | 질긴 고기 부위를 얇게 저민 다음 찹쌀가루를 묻혀 구우면 부드러우면서도 쫄깃한 식감을 살릴 수 있다. 이렇게 구운 고기를 냉채나 말이, 무침 등에 다양하게 활용해보자. 직접 빻은 찹쌀가루는 수분이 많아 고기를 밑간한 즉시 구워도 되나, 시판 찹쌀가루를 사용할 경우 고기를 밑간한 뒤 잠시 두어 고기에서 수분이 충분히 나오도록 한 다음에 굽는 것이 좋다. 그래야 고기가 팬에 들러붙지 않고 노릇하게 잘 구워진다. |

| 오레가노 | 항산화 기능이 풍부하며, 고기 요리에 곁들이면 소화를 도와준다. 토마토와 함께 조리했을 때 맛과 향을 더 좋게 하므로 궁합이 잘 맞다. 닭고기 요리에 사용할 때 지나치게 많이 사용하면 닭고기 특유의 담백한 맛을 해칠 수 있으므로 소량만 쓰는 것이 좋다. |

| 통후추 | 매콤하고 자극적인 향이 특징이며, 식욕을 돋우고 고기나 생선의 잡냄새를 없애 준다. 매운 맛이 강한 검은 후추는 고기를 양념하거나 육수를 낼 때 유용하며, 순한 맛이 나는 흰 후추는 생선이나 닭고기 요리에 주로 사용한다. |

| 유제품 | 닭고기를 우유에 재우면 육질이 부드러워지고 누린내가 덜 난다. 닭고기나 쇠고기, 돼지고기를 활용해 카레를 만들 때도 우유나 요거트를 넣어서 끓이면 고기가 연해진다. |

| 청주 | 와인, 청주, 맛술 등을 넣어 고기를 밑간하면 육질이 더욱 부드러워진다. 너무 많이 넣기보다 1~2큰술 정도만 넣어 조리하는 것이 좋다. 와인의 경우 너무 많이 넣으면 고기 색이 변하고 알코올 향이 너무 많이 배어들어 고기 특유의 맛을 해칠 수 있기 때문이다. |

| 대파 | 알싸하면서도 단맛이 나는데, 익히면 구수한 맛도 나서 음식의 향을 돋우고, 매운맛을 내는 성분이 소화를 촉진시켜 속을 편안하게 해준다. 게다가 비타민C, 비타민B1이 풍부해 연육 작용을 하며 닭고기와 함께 먹으면 감기 예방 효과가 있고, 닭의 누린내를 제거해준다. |

# 닭고기 손질법

**01 닭 손질하기**

닭을 손질할 때는 목과 꼬리 주변의 기름을 잘라내고 적당한 크기로 토막 낸다. 또한, 껍질과 껍질 밑의 기름을 말끔히 걷어내고 핏물이 빠지도록 물에 담갔다가 깨끗이 씻어야 요리했을 때 훨씬 담백하고 깔끔한 맛을 낼 수 있다. 닭날개 끝은 조리할 때 망가지기 쉬워 지저분해 보이므로 손질 단계에서 미리 잘라버린다.

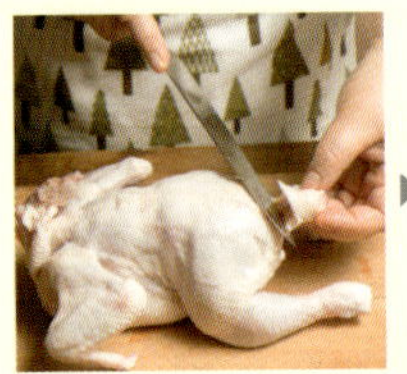

목과 꼬리 주변의 지방을 잘라 낸다.

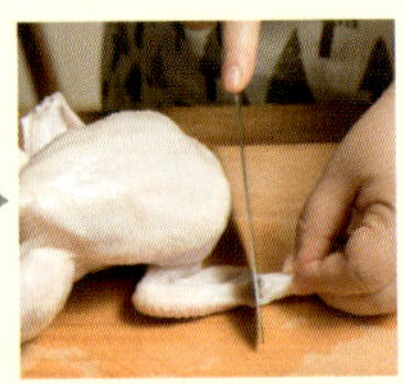

닭날개 끝을 자른다.

닭의 몸통을 반으로 가른다.

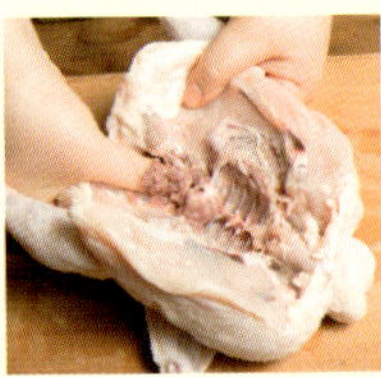

속에 있는 피를 손가락으로 밀어 빼낸다.

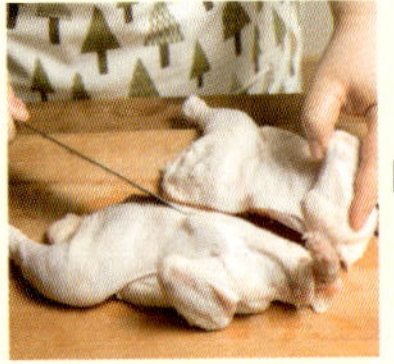

몸통의 나머지 면을 반으로 가른다.

적당한 크기로 토막 낸다.

핏물이 빠지도록 물에 담가 둔다.

깨끗이 씻은 뒤 물기를 제거한다.

**02 끓는 물에 데친 뒤 조리**

냄비에 물을 끓여 닭고기를 살짝 데치면 누린내를 제거할 수 있고, 요리했을 때 닭살이 쫄깃하며 나중에 속까지 잘 익어 조리 시간을 단축할 수 있다. 닭을 데치기가 여의치 않으면 닭을 체에 밭친 뒤 뜨거운 물을 끼얹어 기름을 빼도록 한다.

**03 결 반대로 썰기**

고기는 결대로 썰면 씹을 때 질겨진다. 하지만 결의 반대로 썰면 근섬유가 끊어져 먹을 때 훨씬 덜 질기다. 질긴 고기를 편으로 썰거나 채를 썰 때 이 방법으로 조리하면 훨씬 부드러운 식감을 살릴 수 있다.

**04 막, 힘줄 제거하기**

닭다리살, 닭가슴살 등에는 섬유질을 둘러싼 막과 힘줄이 있는데, 고기가 익으면 이것들이 수축되면서 고기를 질기게 만든다. 손질 단계에서 근막과 힘줄을 미리 제거하면 조리할 때 양념이 빨리 배어들고, 식감도 훨씬 연해진다.

# 닭고기 보관법

**01 냉장 보관할 경우**

부위별로 정형해 판매하는 닭고기는 단면이 넓은 만큼 상하기 쉬워 개봉 즉시 소비하는 것이 좋다. 요리하고 남은 것은 밀봉해서 보관하되, 1~2일 안에 사용하자. 또한, 고기를 겹쳐서 보관하면 겹친 부분의 색이 변하므로 랩이나 비닐을 끼워 둔다. 다진 고기는 특히 부패 속도가 빠르므로 구입한 즉시 물기를 제거하고 밀봉한 뒤 보관해야 한다.

**닭다리살, 닭날개살**
식초를 약간 섞은 물에 닭고기를 가볍게 씻어 종이 타월로 물기를 완전히 닦은 뒤 랩으로 밀봉하거나 밀폐용기에 담아 냉장 보관한다.

**닭가슴살**
키친타월로 수분을 제거하고 가슴살을 각각 1장씩 랩으로 완전히 감싸서 밀폐용기에 담아 보관한다.

**02 냉동 보관할 경우**

닭고기는 수분이 많고 살이 무드러워 얼리면 맛이 떨어지지만 하루 이틀 안에 요리하지 않을 예정이라면 냉동 보관하는 것이 낫다. 냉장 보관할 때의 미진가지로 살이 겹치지 않게 랩으로 따로 싸서 보관하며, 최대 2주를 넘지 않는 것이 좋다. 냉동한 닭고기로 요리할 경우 하루 전에 미리 냉장고에 넣어 두면 해동이 잘돼서 먹기 좋다.

**닭다리살, 닭날개살, 닭봉**
내열용기에 닭고기를 담고 300g당 청주 1큰술을 뿌린 뒤 랩을 씌워 전자레인지에서 5~8분 정도 가열한다. 고기를 완전히 식힌 뒤 북채는 2개씩 랩으로 싼 다음 비닐팩이나 밀폐용기에 담아 냉동시키면 2주 정도 보관할 수 있다.

강정용 닭다리살은 껍질과 지방을 제거하고 밑간한 뒤 튀김옷을 입혀 기름에 딱딱하지 않을 정도로 튀긴다. 그런 다음 식혀서 한 번 먹을 양만큼 냉동해 보관한다. 아이들에게 줄 경우 케첩으로 소스를 만들고, 밥반찬이나 술안주로 활용할 경우 고추장이나 핫소스를 넣어서 매콤한 맛이 나는 강정을 만들어도 좋다.

닭날개는 바비큐용으로 5개씩 싸서 냉동한 다음 밀폐용기에 담는다. 닭봉의 경우 미리 다리살을 뒤집어서 반죽이나 빵가루를 입힌 다음 돈가스와 비슷하게 랩으로 씌워 냉동한다.

**닭가슴살**
닭가슴살 2조각에 청주 1/2큰술을 고루 뿌린 뒤 랩을 씌워 전자레인지에서 3분 정도 가열한다. 고기를 완전히 식힌 다음 랩으로 밀봉해서 냉동시키면 10일 정도 보관할 수 있다. 커틀렛용인 경우 푸를 떠서 밑간한 다음 얇게 펴서 냉동한다. 그래야 빨리 녹아 조리하기 편하다. 닭 안심은 2조각 정도를 편편하게 펴서 랩으로 싼 다음 밀폐용기나 비닐팩에 담아 보관한다.

# 02



닭은 역시
튀겨야 제맛,

# 치킨 요리

# 프라이드치킨

**재료**
닭 1마리(9호, 900g)
식용유 적당량

**밑간**
간장 1큰술
소금 1/2작은술
후추 약간
참기름 1작은술
양파즙 2큰술

**튀김 반죽**
달걀 1개
박력분 1컵
찹쌀가루 2큰술
녹말가루 1/4집
물(탄산수) 2/3컵
소금 1/4작은술
다진 파슬리 1큰술

**케이준파우더**
박력분 1+1/2컵
고운 고춧가루 1큰술
카레 가루 1큰술
후추 약간
녹말가루 2큰술

**01** 닭은 손질해 잔 칼집을 내고 찬물에 30분간 담가 둔다.

**02** **01**의 닭을 체에 밭친 다음 키친타월에 올려 물기를 제거한다.

**03** 밑간을 만들어 손질한 닭을 넣고 15분간 재운다.

**04** 튀김 반죽을 만들어 준비한다.

**05** 손질한 닭에 튀김 반죽을 입히고 다시 케이준파우더를 넣어서 같이 무친다.

**06** 180℃ 튀김 기름에 **05**의 닭을 넣어 1번째는 15분간, 2번째는 10분간 튀기고 기름기를 뺀다.

**+TIP**

+ 닭을 튀길 때 식용유는 닭이 잠길 만큼 충분히 부어준다.
+ 치킨은 튀기고 나서 바로 체에 밭쳐 기름을 탈탈 털어야 더욱 바삭하다.
| 튀길 때 닭을 한꺼번에 넣으면 기름 온도가 떨어져 잘 익지 않으므로 전체 분량의 1/3씩 나누어 튀기는 것이 좋다.

닭은 손질해 잔 칼집을 낸다.

손질한 닭을 찬물에 30분간 담가 둔다.

닭을 건져낸다.

15분간 푹 재운다.

튀김 반죽을 만든다.

닭에 튀김 반죽을 입힌다.

키친타월에 올려 물기를 제거한다.

물기를 뺀 닭에 소금, 후추를 넣는다.

계속해서 간장, 참기름 등 밑간 재료를 넣는다.

케이준파우더를 만든다.

튀김 반죽을 묻힌 닭에 케이준파우더를 묻힌다.

180℃ 기름에 닭을 넣어 첫 번째는 15분간, 두 번째는 10분 정도 튀긴다.

마늘치킨

허니버터치킨

닭은 손질해 잔 칼집을 낸다.

닭을 찬물에 30분간 담가 둔 뒤 건져 키친타월에 올려 물기를 제거한다.

닭을 밑간해 15분간 재운다.

마늘 소스를 만들어 숙성시킨다.

튀김 반죽을 만든 뒤 손질한 닭을 넣어 버무린다.

180℃ 기름에 닭을 넣어 첫 번째는 15분간, 두 번째는 10분 정도 튀긴다.

# 마늘치킨

**재료**
닭 1마리(9호, 900g)
식용유 적당량
박력분 1컵

**밑간**
간장 1큰술
소금 $1/2$작은술
후추 약간
참기름 1작은술
양파즙 2큰술

**튀김 반죽**
달걀 1개
박력분 1컵
찹쌀가루 2큰술
녹말가루 $1/4$컵
물(탄산수) $2/3$컵
소금 $1/4$작은술

**마늘 소스**
마늘 10톨
소금 1작은술
올리브오일 3큰술
후추 약간
다진 파슬리 2큰술
핫소스 1작은술
올리고당 2큰술

01 닭은 손질해 잔 칼집을 내고 찬물에 30분간 담가 둔다.

02 닭을 체에 밭친 다음 키친타월에 올려 물기를 제거한다.

03 마늘은 칼로 다져서 나머지 마늘 소스 재료를 넣고 잘 섞어 숙성시킨다.

04 밑간을 만들어 손질한 닭을 넣고 15분간 재운다.

05 튀김 반죽을 만든 뒤 손질한 닭에 박력분을 바르고 튀김옷을 입힌다.

06 180℃ 튀김 기름에 **05**의 닭을 넣어 1번째는 15분간,
2번째는 10분 정도 튀기고 기름기를 뺀다.

07 튀긴 닭과 숙성한 마늘 소스는 같이 내거나 버무려 낸다.

**+TIP**

+ 마늘칩을 만들어 가니쉬로 곁들여도 좋다.

+ **마늘칩 만들기:** 마늘을 얇게 편 썰어 물에 담가 아린 맛을 제거한 뒤 키친타월로 물기를 뺀다.
  150~160℃로 튀기기 시작해서 타지 않도록 튀기거나 오븐(150~160℃)에 굽는다.

# 허니버터치킨 만드는 법

닭을 찬물에 30분간 담가 둔 뒤 건져 키친타월에 올려 물기를 제거한다.

물기를 뺀 닭을 밑간해 15분간 재운다.

충분히 재운 뒤에 박력분을 바른다.

튀김 반죽을 만든 뒤 손질한 닭을 넣어 버무린다.

180℃ 기름에 닭을 넣어 첫 번째는 15분간, 두 번째는 10분 정도 튀긴다.

웍에 버터와 꿀을 넣고 끓이다가 튀긴 닭을 넣어 버무린다.

방울방울 달콤하고 부드러운

# 허니버터치킨

**재료**

닭 1/2마리(9호, 450g)

아몬드슬라이스 2큰술

박력분 1컵

식용유 적당량

버터 3큰술

꿀 4큰술

식용유 적당량

**밑간**

간장 1큰술

소금 1/2작은술

후추 조금

참기름 1작은술

양파즙 2큰술

**튀김 반죽**

달걀 1개

박력분 1컵

찹쌀가루 2큰술

녹말가루 1/4컵

물(탄산수) 2/3컵

소금 1/4작은술

01  닭은 깨끗하게 씻어서 찬물에 30분간 담가 핏물을 뺀다.

02  **01**의 닭은 체에 밭친 뒤 키친타월에 올려 물기를 제거한다.

03  밑간을 만들어 물기를 뺀 닭을 넣고 15분간 재운다.

04  튀김 반죽을 만들어 준비한다.

05  밑간한 닭에 박력분을 발라서 **04**의 튀김 반죽을 입힌다.

06  180℃ 튀김 기름에 **05**의 닭을 넣어 1번째는 15분간,
　　2번째는 10분간 튀기고 기름기를 뺀다.

07  튀긴 닭을 키친타월 위에 올려 한 김 식힌다.

08  웍에 버터와 꿀을 넣고 끓이다가 튀긴 닭을 넣어서 버무리고,
　　아몬드슬라이스를 뿌려 그릇에 담는다.

**+ TIP**

+ 버터나 꿀을 지나치게 많이 넣으면 너무 달거나 느끼해진다. 버터와 꿀의 비율을 1:1로 잡아 소스를 만든 뒤
　간을 보고, 입맛에 따라 고소한 맛을 더 원하면 버터를, 단맛을 더 내고 싶다면 꿀을 조금씩 첨가하는 것이 좋다.

+ 밑간을 한 닭에 박력분을 바르면 튀김 반죽이 더 잘 묻는다.

파닭

양념치킨

손질한 닭을 우유에 20분간 담가 둔다.

1을 물에 헹군 뒤 물기를 제거한 다음 밑간한다.

대파는 5cm 길이로 얇게 채 썬 뒤 찬물에 담가 매운맛을 뺀다.

파닭 소스를 만든다.

튀김 반죽을 만든 다음 밑간한 닭을 넣어 버무린다.

180℃ 기름에 닭을 넣어 첫 번째는 15분간, 두 번째는 10분 정도 튀긴다.

# 파닭

**재료**
닭 1마리(9호, 900g)
우유 1컵
식용유 적당량
대파 2대
박력분 1컵

**밑간**
핫소스 $^1/_2$큰술
소금 $^1/_2$작은술
후추 약간
맛술·양파즙 각 2큰술

**튀김 반죽**
달걀 1개
박력분 1컵
찹쌀가루 2큰술
녹말가루 $^1/_4$컵
물(탄산수) $^2/_3$컵
소금 $^1/_4$작은술

**파닭 소스**
간장 3큰술
식초·꿀 각 2큰술
맛술 3큰술
발효겨자 $^1/_2$큰술
물 2큰술
소금 약간

01 닭은 깨끗하게 씻어서 우유에 20분간 담갔다가 물에 헹군다.

02 **01**의 닭을 체에 받친 뒤 키친타월에 올려 물기를 제거한다.

03 밑간을 만들어 물기를 뺀 닭을 넣고 15분간 재운다.

04 대파는 5cm 길이로 얇게 채 썰어 찬물 또는 얼음물에 담가 매운맛을 뺀 다음 키친타월 위에 올려 물기를 제거한다.

05 볼에 파닭 소스 재료를 넣어 고루 섞는다.

06 튀김 반죽을 만들어 밑간한 닭에 박력분을 발라서 튀김옷을 입힌다.

07 180℃ 식용유에 **05**의 닭을 넣어 1번째는 15분간, 2번째는 10분간 튀기고 기름기를 뺀다.

08 튀긴 닭을 키친타월 위에 올려 한 김 식힌다.

09 접시에 튀긴 닭을 담고 물기를 뺀 대파 채를 소복하게 얹은 뒤 파닭 소스를 끼얹는다.

**+TIP**

+ 물기를 뺀 대파채를 냉장고에 잠시 넣어 두었다가 꺼내면 더욱 아삭한 맛을 살릴 수 있다.

+ 뼈 없이 살만 발라내어 순살 파닭으로 먹어도 좋다

# 🍲 양념치킨 만드는 법

손질한 닭은 밑간해 재운 뒤 박력분을 바른다.

튀김 반죽을 만든 뒤 1의 닭을 넣어 버무린다.

180℃ 기름에 닭을 넣어 첫 번째는 15분간, 두 번째는 10분 정도 튀긴다.

올리고당을 제외한 나머지 양념 재료를 넣어서 자작하게 끓인다.

양념 냄비의 불을 끄고 올리고당을 넣는다.

양념 소스에 튀긴 닭을 넣어 버무린 뒤 다진 땅콩을 뿌린다.

# **양념**치킨

**재료**
닭 1마리(9호, 900g)
다진 땅콩 3큰술
식용유 적당량
박력분 1컵

**밑간**
간장 1큰술
소금·후추 약간
참기름 1작은술
다진 양파 2큰술

**튀김 반죽**
달걀 1개
박력분 1컵
찹쌀가루 2큰술
녹말가루 1/4컵
물(탄산수) 2/3컵
소금 1/4 작은술

**양념 소스**
토마토케첩 6큰술
고추장 2큰술
간장 1큰술
설탕 2큰술
올리고당 1컵
다진 양파 4큰술
맛술 2큰술
핫소스 1큰술

01  닭은 손질해 잔 칼집을 내고 찬물에 30분간 담가둔다.

02  손질한 닭고기를 체에 받친 뒤 키친타월에 올려 물기를 제거한다.

03  밑간을 만들어 손질한 닭고기를 넣고 15분간 재운 뒤 박력분을 바른다.

04  튀김 반죽을 만들어 준비한다.

05  180℃ 식용유에 튀김 반죽을 입힌 닭을 넣어
    1번째는 15분간, 2번째는 10분간 튀긴다.

06  튀긴 닭을 키친타월 위에 올려 한 김 식힌다.

07  올리고당을 제외한 나머지 소스 재료를 넣어서 자작하게 끓인 다음
    불을 끄고, 올리고당을 넣어서 식힌다.

08  양념 소스에 튀긴 닭을 넣어 버무리고 그 위에 땅콩을 뿌린다.

**+TIP**

+ 튀긴 치킨은 따뜻할 때 양념에 버무리면 부드러워지고, 식힌 뒤 버무리면 좀 더 쫄깃하고
  바삭한 맛을 살릴 수 있으므로 취향에 따라 선택하도록 한다.
+ 올리고당을 가열하면 소스가 덩어리지고 딱딱해지므로 불을 끈 상태에서 넣는게 좋다.

# 레몬치킨

**재료**
닭 $1/2$마리(9호, 450g)
우유 1컵
레몬 2개
식용유 석낭당
박력분 1컵

**밑간**
핫소스 $1/2$큰술
소금 $1/2$작은술
후추 약간
맛술·양파즙 각 2큰술

**튀김 반죽**
달걀 1개
박력분 1컵
찹쌀가루 2큰술
녹말가루 $1/4$컵
물(탄산수) $2/3$컵
소금 $1/4$작은술

**레몬 소스**
우스터 소스 4큰술
씨겨자 2큰술
맛술 3큰술
레몬즙 3큰술
벌꿀·올리고당 각 3큰술
물 2큰술
소금 약간

01  닭은 깨끗하게 씻어서 우유에 20분간 담갔다가 물에 헹군다.

02  **01**의 닭을 체에 밭친 뒤 키친타월에 올려 물기를 제거한다.

03  밑간을 만들어 물기를 뺀 닭을 넣고 15분간 재운다.

04  밑간한 닭에 박력분을 바른 뒤 튀김 반죽을 만들어 튀김옷을 입힌다.

05  180℃ 기름에 **05**의 닭을 넣어 1번째는 15분간, 2번째는 10분간 튀기고 기름기를 뺀다.

06  튀긴 닭을 키친타월 위에 올려 한 김 식힌다.

07  레몬은 소금으로 바락바락 문질러 씻은 뒤 얇게 저민다.
레몬 소스 재료를 냄비에 넣고 살짝 끓여서 식힌다.

08  레몬 소스에 튀긴 닭을 버무린 다음 저며 둔 레몬을 얹어서 낸다.

**+TIP**

+ 레몬을 소금에 문지르기 전에 베이킹소다를 뿌려 표면을 닦아주면 더 깨끗이 씻을 수 있다.
+ 레몬 껍질을 곱게 다져 레몬 제스트를 만든 뒤 소스를 만들 때 함께 넣으면 레몬의 향미가 더욱 살아난다.

# 레몬치킨 만드는 법

닭은 깨끗하게 씻어서 우유에 20분간 담갔다가
헹군다.

1의 닭을 체에 밭친다.

키친타월에 올려 물기를 제거한다.

튀김 반죽을 만든다.

닭에 튀김 반죽을 입힌다.

닭을 튀긴다.

소금, 후추, 양파즙 등을 넣어 밑간한다.

밑간 후 15분간 재운다.

박력분을 바른다.

레몬은 소금으로도 문질러 씻는다.

레몬을 얇게 저며 둔다.

레몬 소스를 만든 뒤 치킨에 버무린다.

# 까르보나라치킨

**재료**
닭다리살 3조각
식용유 적당량
박력분 1컵

**밑간**
소금 1/2작은술
후추 약간
맛술 2큰술
양파즙 2큰술

**튀김 반죽**
달걀 1개
박력분 1컵
찹쌀가루 2큰술
녹말가루 1/4컵
물(탄산수) 2/3컵
소금 1/4작은술

**까르보나라 소스**
시판 까르보나라 소스 1컵
파르메산 치즈 1큰술
올리고당 2큰술
물 3큰술
후추 약간

01   닭다리살은 지방을 제거한 다음 잘게 썰어 둔다.

02   닭다리살을 물에 20분간 담가 핏물을 제거한다.

03   닭다리살을 체에 밭친 뒤 물기를 제거한다.

04   손질한 닭을 밑간해 20분간 재운다.

05   튀김 반죽을 만든다.

06   밑간한 닭에 박력분을 묻힌 다음 튀김 반죽을 입힌다.

07   180℃ 기름에 튀김옷을 입힌 닭을 넣어 1번째는 15분간, 2번째는 10분간 튀긴다.

08   튀긴 닭을 키친타월 위에 올려 기름기를 제거한다.

09   까르보나라 소스에 튀긴 닭을 넣어서 버무린 다음 그릇에 담아낸다.

**+TIP**

+ 까르보나라 소스는 시판 제품을 사용해도 되고 직접 만들어 써도 된다.

+ **까르보나라 소스 만드는 법:** 생크림 300㎖, 우유 100㎖, 파르메산 치즈 가루 30g, 슬라이스 치즈 1장을 준비한다.
팬에 생크림과 우유를 붓고 약한 불에서 끓인다. 크림이 끓어오르면 파르메산 치즈 가루와 슬라이스 치즈를 넣고
뭉치지 않게 저어 준 다음 소금과 후추로 간한다.

+ **까르보나라** 달걀 노른자, 페코리노 로마노 치즈, 후추, 관찰레(돼지고기 염장육)를 넣어서 만드는 파스타이다.

참 맛있게 매운

# 불닭

**재료**
닭다리살 3조각
가래떡 300g
통깨 1큰술
다시마 우린 물 ½컵

**밑간**
소금 1작은술
참기름 ½큰술
후추 약간
맛술 1큰술

**불닭 소스**
붉은 청양고추 8개
고운 고춧가루 2큰술
나신 마늘 1큰술
후추 약간
맛술 2큰술
설탕 2큰술
올리고당 3큰술
핫소스 1큰술
산상 2큰술

01  닭다리살은 지방을 제거한 다음 칼집을 넣어서 먹기 좋게 썰어 둔다.

02  닭다리살을 물에 20분간 담가 핏물을 제거한다.

03  닭다리살의 물기를 제거한다.

04  손질한 닭고기를 밑간해 20분간 재운다.

05  붉은 청양고추는 살게 썰어서 믹서에 곱게 간 다음 나머지 재료를 넣어서
　　불닭 소스를 만들어 둔다.

06  가래떡은 3cm로 썰어서 물에 담가 둔다.

07  밑간한 닭고기에 불닭 소스를 넣어서 버무린다.

08  팬에 **07**의 재료와 가래떡, 다시마 우린 물을 넣어서 자작하게 끓인다.

09  **08**의 국물이 거의 없어지면 그릇에 담고 통깨를 뿌려서 낸다.

**+TIP**

+ 닭고기를 바로 조리하기보다 양념을 절반 정도 덜어 고기를 잰 뒤에 구울 때 나머지 양념과 함께 조리하면
　양념이 속까지 잘 배게 된다.
+ 붉은 청양고추의 갯수를 달리 하면 맵기를 조절할 수 있다.

닭다리살은 지방을 제거한 다음 칼집을 넣어 먹기
좋게 썰어 둔다.

닭다리살은 물에 20분간 담가 핏물을 제거한다.

닭다리살의 물기를 제거한 뒤 밑간 양념에 버무려
20분간 재운다.

가래떡을 3cm로 썬다.

가래떡을 다시 반으로 썬다.

떡을 물에 담가 둔다.

붉은 청양고추를 믹서에 곱게 간 뒤 볼에 붓는다.

4에 올리고당을 제외한 불닭 소스 재료를 넣어 섞는다.

올리고당을 넣어 불닭 소스를 만든다.

손질한 닭을 불닭 소스에 버무린다.

양념에 버무린 닭과 다시마 우린 물을 넣어 자작하게 끓인다.

떡을 넣고 끓이다가 국물이 거의 없어지면 불에서 내린다.

# 닭봉**카레튀김**

**재료**
닭봉 12개
식용유 적당량
박력분 1컵

**밑간**
소금 $1/3$작은술
맛술 1큰술
후추 약간
참기름 1작은술
양파즙 1큰술

**튀김 반죽**
달걀 1개
박력분 1컵
찹쌀가루 2큰술
녹말가루 $1/4$컵
물(탄산수) $2/3$컵
소금 $1/4$작은술

**케이준파우더**
박력분 1컵
카레 가루 2큰술
후추 약간
녹말 가루 2큰술
다진 파슬리 1큰술

01  닭봉은 물에 헹군 후 찬물에 20분간 담가 둔다.

02  닭봉을 체에 밭친 뒤 키친타월에 올려 물기를 제거한다.

03  닭봉의 뼈 한쪽을 뉘십어 둥글게 만든다.

04  밑간을 만들어 손질한 닭봉을 넣고 15분간 재운다.

05  밑간한 닭에 박력분을 바른 다음 튀김 반죽을 만들어 준비한다.

06  손질한 닭에 튀김 반죽을 입히고 다시 케이준파우더를 넣어서 같이 무친다.

07  180℃ 기름에 튀긴 닭을 넣어 첫 번째는 10분간, 두 번째도 10분간 튀기고 기름기를 뺀다.

08  닭봉의 끝을 알루미늄 호일로 말아 먹기 좋게 낸다.

**+TIP**

+ 밑간할 때도 카레 가루를 약간 넣으면 닭고기 잡내를 잡을 수 있고, 감칠맛도 더할 수 있다.
+ 튀김 반죽을 만들 때 물 대신 탄산수를 쓰면 닭다리는 촉촉하고 겉은 더욱 바삭한 튀김이 된다.

# 닭봉카레튀김 만드는 법

닭봉은 물에 헹군 뒤 찬물에 20분간 담가 둔다.

닭봉의 물기를 제거한 뒤 뼈 있는 부분에 칼집을 낸다.

가운데 잡히는 뼈를 바른다.

볼에 달걀을 깨 넣고 탄산수를 부은 뒤 젓가락으로 젓는다.

7에 나머지 튀김 반죽 재료를 넣어 잘 저어 준다.

케이준파우더 재료를 섞는다.

살코기 부분을 뒤집어 둥글게 만든다.

닭봉을 밑간한다.

후추를 뿌려 15분간 재운 뒤 박력분을 묻힌다.

손질한 닭봉에 튀김 반죽을 입힌 뒤 다시 케이쥰 파우더를 입힌다.

180℃ 기름에 닭을 넣어 첫 번째는 10분간, 두 번째도 10분 정도 튀긴다.

닭봉 뼈 부분을 알루미늄 호일로 말아 먹기 좋게 낸다.

바비큐윙

탄두리치킨

닭날개를 헹군 뒤 찬물에 20분간 담가 둔다.

닭날개의 물기를 제거한 다음 밑간해 10분간 재운다.

밑간한 닭날개를 팬에 노릇하게 굽는다.

볼에 바비큐 소스 재료를 모두 넣는다.

소스 재료가 골고루 섞이도록 잘 저어 준다.

구운 닭날개에 소스를 버무려 20분간 타지 않도록 굽는다.

# 바비큐윙

**재료**

닭날개 16조각

다진 파슬리 2큰술

**밑간**

소금 ⅓작은술

후추 ⅓작은술

화이트와인 1큰술

참기름 1작은술

**바비큐 소스**

고추장 2큰술

간장 1큰술

설탕 2큰술

올리고당 4큰술

케첩 2큰술

맛술 2큰술

물 ⅓컵

**01** 닭날개는 씻어서 20분간 물에 담갔다가 물기를 제거한 다음
소금, 후추, 화이트와인, 참기름을 넣어서 밑간해 10분간 재운다.

**02** 손질한 닭날개를 팬에 노릇하게 굽는다.

**03** 그곳에 고추장, 간장, 설탕, 올리고당, 맛술, 케첩을 넣어서 살 섞은 다음
냄비에 넣어서 끓여 바비큐 소스를 만든다.

**04** 03의 소스에 구운 닭날개를 넣어서 조린다.

**05** 조린 닭날개를 오븐팬에 넣고 소스를 덧바른 다음
180℃ 오븐의 중간단에 넣은 다음 10분간 타지 않도록 굽는다.

**06** 닭날개가 다 익었으면 다진 파슬리를 뿌려서 그릇에 담아낸다.

**+ T I P**

+ 고추장 소스는 바로 만들어 쓰기보다 하루 전에 만들어 숙성시키면 더 깊은 맛을 낸다.

+ 밑간에 화이트와인을 넣으면 닭고기의 누린내를 없애준다.

닭은 씻은 다음 물기를 제거한다.

손질한 닭을 우유에 넣어 1시간 동안 재운다.

닭을 밑간한 뒤 라임즙을 뿌린다.

양념 재료를 모두 섞어 탄두리 소스를 만든다.

닭에 탄두리 소스를 고루 바른다.

소스를 바른 닭을 오븐에 넣고 200℃에서 30분간 굽다가 소스를 더 발라 10분, 뒤집어서 10분간 더 굽는다.

# 탄두리치킨

**재료**
닭 1마리(8호, 800g)
우유 2컵

**밑간**
라임 1개
소금 1작은술
후추 약간
향료(마살라) 1큰술
올리브오일 2큰술

**탄두리 소스**
요거트 200g
탄두리 소스 50g
고운 고춧가루 1큰술
(또는 칠리파우더)

01 닭은 지방, 뱃속의 피, 털 등을 제거한 다음 깨끗하게 씻어 둔다.

02 닭의 물기를 제거한 다음 4등분하고, 다리에는 칼집을 넣는다.

03 손질한 닭고기에 우유를 부어 1시간 동안 둔 다음 깨끗하게 씻는다.

04 닭고기에 밑간 양념을 넣고 30분간 재운다.

05 밑간한 닭에 탄두리 소스를 발라 5시간 동안 냉장 보관한다.

06 오븐의 중간단에 200℃에서 30분간 굽고, 소스를 더 바른 다음 10분간 더 굽는다.

07 06의 닭을 뒤집어서 10분간 더 구운 다음 그릇에 담아낸다.

**+TIP**

+ 닭고기에 소스를 바를 때 잘 주물러서 재우면 양념이 잘 배고 고기도 부드러워진다.

# 데리야키 치킨

**재료**
닭 $1/2$마리(9호, 450g)
녹말가루 1컵
양파 약간
쪽파 약간
식용유 적당량

**밑간**
간장 1큰술
소금 $1/2$작은술
후추 약간
참기름 1작은술
양파즙 2큰술

**데리야키 소스**
산상 1큰술
굴소스 2큰술
조청 4큰술
맛술 2큰술
마른 청양고추 3개
올리고당 2큰술

01  토막 낸 닭고기는 깨끗하게 씻은 다음 찬물에 20분간 담가 핏물을 제거한다.

02  닭고기의 물기를 제거한 다음 지방을 제거한 뒤 다리에 칼집을 넣는다.

03  손질한 닭고기를 밑간해 20분간 재운다.

04  양파는 곱게 채 썰어서 찬물에 담가 두고, 쪽파는 송송 썰어서 준비한다.

05  밑간한 닭고기에 녹말가루를 묻혀서 달군 팬에 기름을 두르고 속까지 익도록
　　노릇하게 굽는다.

06  데리야키 소스 재료를 팬에서 끓인다.

07  올리고당을 데리야키 소스에 넣어 잘 섞는다.

08  구운 닭고기를 데리야키 소스에 넣고 자작하게 조린다.

09  접시에 **08**의 닭을 올리고 양파 채와 쪽파를 얹어서 낸다.

**+TIP**

+ 닭고기를 밑간할 때 생강즙이나 레몬즙을 1작은술 정도 넣으면 잡냄새를 없앨 수 있고, 향이 우러나와
　풍미가 더욱 좋아진다.

닭고기를 물에 20분간 담가 핏물을 제거한다.

닭을 건져 물기를 뺀다.

지방을 제거한 뒤 칼집을 넣는다.

팬에 기름을 두르고 닭을 앞뒤로 노릇하게 굽는다.

팬에 올리고당을 제외한 데리야키 소스 재료를 넣어 끓인다.

올리고당과 조청을 넣어 잘 섞는다.

손질한 닭을 밑간해 20분간 재운다.

양파는 곱게 채 썰어 찬물에 담가 둔다.

밑간한 닭을 녹말가루에 묻힌다.

데리야키 소스를 바글바글 끓인다.

잘 구워진 닭을 수 스에 넣는다.

Alcohol
4.3%
EXTRA
DRINKABILITY
Best Q

겉은 노릇노릇, 속은 촉촉한

# 비어캔치킨



**01** 닭고기는 털, 불순물, 속의 지방을 제거한 다음 깨끗하게 씻어서 물기를 제거한다.

**02** 양파즙, 소금, 로즈마리, 마늘, 포도씨 오일, 후추, 맥주를 넣어서 재운다.

**03** 재운 닭을 백주가 ¹/₂ 성노 남아 있는 캔에 뒤집어서 씌운 다음 굽는다.

**+TIP**

+ 닭의 꽁지는 누린내가 나고 타기 쉬우니 손질 단계에서 잘라내야 한다.

+ 맥주는 넘칠 염려가 있으니 반드시 반을 따라낸 뒤에 사용한다.

+ 맥주의 알콜 성분은 풍미를 좋게 하며 잡냄새를 없애고 닭의 속살을 촉촉하게 해 준다.

밑긴 재료를 잘 섞는나.

로스마리를 다신다.

닭 속에 밑간을 넣는다.

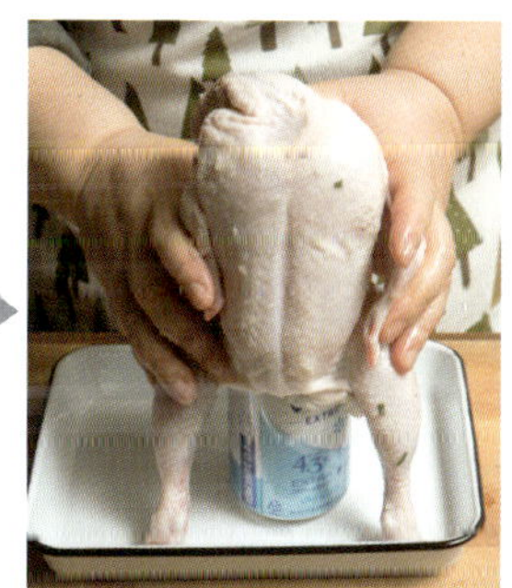

닭을 맥주가 반정도 남아 있는 캔에 앉힌 다음 오븐에 굽는다.

# 귤치킨로스트

**재료**
닭 1마리(10호, 1kg)
귤 5개
버터 50g
셀러리 1대
감자 1개
양파 1개
올리브오일 ½큰술

**밑간**
귤즙 1컵
소금 ½큰술
포도씨 오일 4큰술
으깬 통후추 1작은술

01  닭고기는 털과 불순물, 지방을 제거한 다음 깨끗하게 씻어서 물기를 제거한다.

02  귤은 소금으로 바락바락 주물러 씻은 다음 3개는 즙을 내고 나머지는 0.5cm로 저며서 준비한다.

03  **01**의 닭에 **02**의 귤즙과 나머지 재료를 넣고 밑간해 1시간 동안 재운다.

04  감자는 껍질을 벗긴 다음 사방 2cm로 썰어서 찬물에 담가 두고, 셀러리 줄기는 2cm로 썰어 둔다.

05  양파도 감자와 같은 크기로 썰어서 달군 팬에 올리브오일을 넣고 감자, 셀러리와 같이 볶는다.

06  볶은 채소는 재워 둔 닭 속에 넣고 즙을 내고 남은 귤과 저며 둔 귤, 버터는 ⅔를 넣고 닭다리를 묶는다.

07  **06**의 닭 위에 버터를 바르고 남은 귤과 채소를 오븐팬에 넣은 다음 200℃ 중간단에서 60분간 굽는다.

**+TIP**

+ 수분이 많은 채소를 닭의 배 속에 넣어 익히면 고기가 노릇하게 익지 않고 축축해지기 때문에
  채소를 한 번 볶아서 넣는 것이다.

# 굴치킨로스트 만드는 법

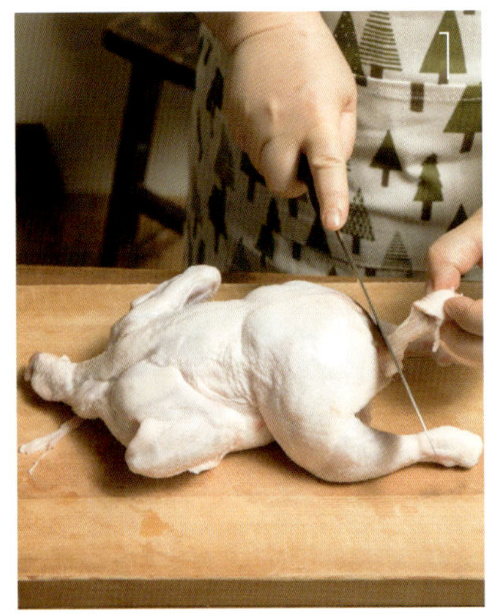

닭고기는 지방을 제거한 뒤 꼬리를 잘라 준비한다.

귤을 소금으로 바락바락 문질러 씻는다.

귤즙을 준비한다.

감자는 깍둑썰기 한다.

셀러리는 3cm 길이로 썬다.

팬에 기름을 두르고 손질한 채소를 볶는다.

깨끗이 씻은 귤을 얇게 저민다.

귤즙에 소금 포도씨 오일, 통후추를 넣고 밑간 양념을 만든다.

닭고기를 밑간해 1시간 동안 재운다.

닭 속에 저며 둔 귤과 채소, 다진 로즈마리를 넣는다

닭다리를 끈으로 묶은 뒤 닭 겉면에 버터를 바른다.

닭 윗부분에 저민 귤을 올려 오븐에 넣고 200℃에서 60분간 익힌다.

# 03



맛깔나는
닭의 변신

# 일품 요리

# 구운닭비빔밥

**재료**
닭다리살 4조각
어린잎채소 2컵
밥 4공기
세발나물 200g

**밑간**
참기름 1작은술
맛술 2큰술
소금 1/2작은술
후추 약간

**구이 양념**
고추장 4큰술
다진 마늘 2큰술
설탕 2큰술
맛술 2큰술

**김치 비빔장**
김치 1/2포기
고추장 2큰술
설탕 1큰술
다진 마늘 1큰술
참기름 1큰술
깨소금 1큰술
올리고당 2큰술

01 닭다리살은 개끗하게 씻은 다음 물에 10분간 담가 둔다.

02 닭다리살의 물기를 제거한 다음 잔 칼집을 내고 밑간한다.

03 어린잎채소를 씻어서 물기를 세서하고, 세발나물도 씻어서 물에 담갔다가
물기를 제거한다.

04 김치의 소를 털어낸 다음 송송 썰고 나머지 양념과 섞어 김치 비빔장을 만들어 둔다.

05 달군 팬에 밑간한 닭다리살을 넣고 앞뒤로 노릇하게 익힌다.

06 구이 양념을 만들어 초벌로 구운 닭에 바른다.

07 닭다리살에 색이 날 정도로 구운 다음 먹기 좋게 썰어 둔다.

08 밥 위에 닭다리살과 어린잎채소, 세발나물을 얹고, 김치 비빔장을 곁들여 낸다.

**+TIP**

+ 비빔밥은 각 재료의 길이가 일정해야 산만해 보이지 않으므로 세발나물의 물기를 제거한 뒤
닭고기와 비슷한 길이로 썰어서 준비하는 것이 좋다.

닭다리살을 바른 뒤 칼집을 넣는다.

손질한 닭다리살을 밑간한다.

어린잎채소는 깨끗이 씻어 물에 담가 둔다.

김치, 고추장, 설탕 등 비빔장 재료를 넣는다.

재료를 고루 섞어 김치 비빔장을 만든다.

팬에 기름을 두르고 밑간한 닭을 넣어 노릇하게 굽는다.

세발나물도 깨끗이 씻어 물에 담가 둔다.

어린잎채소와 세발나물을 건진 뒤 키친타월에 올려 물기를 제거한다.

김치는 소를 덜어낸 다음 물기를 꼭 짜서 송송 썰어서 준비한다.

구이 양념을 만들어 조별로 구운 닭에 잘 펴 바른다.

양념한 닭을 석쇠에 올려 앞뒤로 타지 않게 굽는다

구운 닭을 먹기 좋은 크기로 썬다.

칼칼한 양념이 진진하게 밴
# 닭볶음탕

**재료**
닭 1마리(9호, 900g)
당근 1/2개
감자 2개
표고버섯 4개
청·홍고추 1개씩
양파 1/2개
물 2+1/2컵

**밑간**
소금 1/2작은술
참기름 1/2큰술
후추 1/3작은술

**볶음 양념**
간장 5큰술
고춧가루 2+1/2큰술
설탕 1큰술
물엿 3큰술
다진 마늘 1큰술
다진 파 2큰술
맛술 2큰술

01  토막 낸 닭은 깨끗하게 씻고 두꺼운 것은 칼집을 넣어서 준비한다.

02  손질한 닭고기를 찬물에 10분간 담갔다가 물기를 제거한다.

03  **02**의 닭고기를 밑간해 20분간 재운다.

04  당근, 감자는 사방 4cm로 자른 다음 모서리를 제거하고 감자는 물에 담근다.

05  양파는 4cm 크기로 자른다. 고추는 어슷하게 썰어둔다.
    표고버섯은 뜨거운 물에 불려 밑동을 제거한 다음 먹기 좋은 크기로 썬다.

06  볶음 양념을 만들어 준비한다.

07  밑간해 둔 닭고기에 볶음 양념의 절반을 넣고 재운다.

08  냄비에 물, 양념에 재운 닭고기를 넣어서 끓인다.

09  닭고기가 충분히 익어서 국물이 반으로 줄면 당근, 감자, 나머지 양념을
    다 넣고 더 끓인다.

10  닭고기가 다 익고 국물이 자작해지면 버섯, 양파, 고추를 넣어서
    한 번 더 끓인 다음 불을 끈다.

**+TIP**

+ 감자와 당근 모서리를 다듬지 않으면 조리 시 끝부분이 부서져 국물을 탁하게 만든다.

+ 좀 더 매콤한 맛을 원할 때는 말린 청양고추를 넣거나 핫소스를 사용해도 된다.

닭은 5~6cm 정도로 토막 낸 다음 닭다리에 양념이 잘 배도록 칼집을 낸다.

손질한 닭을 10분간 물에 담가 둔다.

닭을 건진 뒤 물기를 제거하고 밑간해 재워 둔다.

다듬은 후 물에 담가 둔다.

볶음 양념을 만든다.

밑간해 둔 닭고기에 볶음 양념의 절반을 넣고 재운다.

당근은 4cm 크기로 자른다.

당근 모서리를 다듬는다.

감자도 4cm 크기로 자른 뒤 모서리를 다듬는다.

냄비에 물, 닭, 양념장의 반을 넣어 끓이다가 국물
이 반으로 졸아들면 당근, 감자, 남은 양념장을 넣
고 끓인다.

국물이 자작해지면 버섯과 양파를 넣는다.

청고추와 홍고추를 어슷하게 썰어 올린 뒤 한 번
더 끓인 다음 불을 끈다.

# 닭비빔국수

**재료**
닭가슴살 2조각
양파 1개
깻잎 10장
오이 1개
양배추잎 2장
홍피망 1개
국수(240g)

**닭고기 양념**
간장 1큰술
설탕 1작은술
맛술 1큰술
소금·후추 약간
참기름 1작은술

**비빔장**
고추장 5큰술
식초 5큰술
매실청 2큰술
설탕 3큰술
올리고당 5큰술
들기름 3큰술
참깨 2큰술

01 닭가슴살은 씻어서 물기를 제거한 다음 1cm 폭으로 결 반대로
   채 썰어서 준비한다.

02 손질한 닭가슴살에 닭고기 양념을 넣어서 재워 둔다.

03 양파는 채 썰어서 준비한다.

04 팬에 기름을 두르고 채 썬 양파를 볶는다.

05 02의 닭가슴살을 넣어 같이 볶는다.

06 깻잎, 오이, 양배추, 적채, 홍피망은 채 썰어서 찬물에 담갔다가 물기를 제거한다.

07 비빔장을 만들어 준비한다.

08 끓는 물에 국수를 삶다가 끓어오르면 찬물 한 컵을 붓고 다시 끓어오르면
   건져 찬물에 헹군 다음 물기를 뺀다.

09 그릇의 가장자리에 고명을 담고, 가운데에 국수를 담아낸다.

**+TIP**

+ 비빔장은 입맛에 맞게 넣어 먹을 수 있도록 넉넉히 만들어 따로 담아내는 것이 좋다.

+ 비빔장에 매실청 대신 유자청을 넣으면 상큼한 맛을 낼 수 있다

+ 국수를 삶을 때 찬물을 넣는 이유는 쫄깃한 맛을 살리기 위해서이다.

닭가슴살은 먹기 좋은 크기로 채 썬 뒤 양념에 재운다.

양파는 채 썬다.

팬에 기름을 두르고 채 썬 양파를 볶는다.

적양배추도 채 썬다.

찬물에 담가 둔다.

비빔장을 만든다.

3에 밑간한 닭을 넣어 같이 볶는다.

깻잎을 채 썰어 찬물에 담가 둔다.

양배추를 채 썬다.

국수를 삶는다.

묵이 끓어오르면 찬물을 붓는다.

한 번 더 끓으면 찬물에 헹궈 고명과 함께 그릇에 담아낸다.

# 닭칼국수

## 재료

닭 1/2마리(9호, 450g)
칼국수(생면) 400g
부추 1/6단
감자(작은 것) 2개
대파 1/2대
간장 1큰술
액젓 1큰술
물 14컵(2.8ℓ)

## 밑간

굵은소금 약간
후추 약간
참기름 적당량

## 육수

마늘 5톨
양파 1/2개
다시마(사방 5cm) 5장

## 양념장

간장 2큰술
청양고추 3개
쪽파 6줄기
고춧가루 1큰술
깨소금 1큰술
후추 약간
맛술 2큰술

01  닭고기는 씻어서 찬물에 담갔다가 끓는 물에 데친다.

02  냄비에 육수 재료와 물 6컵을 넣고 끓으면 **01**의 닭고기를 넣어 30분 정도 삶는다.

03  삶은 닭고기를 건져서 살을 발라내고 국물은 체에 밭쳐 육수로 준비해 둔다.

04  **03**의 살코기에 소금, 후추, 참기름을 넣어서 밑간한다.

05  부추는 3cm 길이로 썰고, 대파는 어슷하게 썬다.

06  감자는 껍질을 벗긴 다음 반달 모양으로 썰어서 찬물에 담근다.

07  쪽파는 송송 썰고, 청양고추는 잘게 썬 뒤 나머지 양념 재료와 섞어 양념장을 만든다.

08  냄비에 **03**의 육수를 넣고 칼국수를 넣어서 익힌다.
여기에 감자를 넣어서 같이 끓인다.

09  칼국수에 액젓, 간장, 소금, 후추로 간하고, 대파와 부추를 넣어서 한소끔 끓인다.

10  완성된 칼국수를 그릇에 담고 양념한 닭고기를 얹어서 양념장과 같이 낸다.

**+TIP**

+ 육수를 끓일 때는 뚜껑을 열고 끓여야 잡냄새가 날아간다.
+ 닭은 끓는 물에 데치면 닭 겉면의 단백질이 응고되어 부드러운 속살의 맛이 유지된다.

닭을 손질한다.

손질한 닭고기를 끓는 물에 데친다.

냄비에 물과 향채 재료를 넣는다.

발라낸 살코기를 소금, 후추, 참기름으로 밑간한다.

부추는 3cm 길이로 썬다.

감자는 반달 모양으로 1cm 두께가 되도록 썬다.

2에 데친 닭고기를 넣어 30분 정도 삶는다.

육수가 충분히 우러나면 국물을 체에 밭친다.

닭고기의 살을 바른다.

냄비에 5에서 밭쳐낸 닭 육수를 붓고 칼국수 면을
넣는다.

감자를 넣어 같이 끓인다

간장, 소금, 후추로 간한 뒤 부추를 넣어 끓인다.

# 치킨마요덮밥

**재료**
닭 안심 6조각
오이 1개
피망 1개
양파 1개
밥 4공기
어린잎채소 2컵

**고추냉이·마요네즈 소스**
고추냉이 2큰술
물 2큰술
마요네즈 1컵
식초 2큰술
올리고당 5큰술

**01** 고추냉이는 물과 1:1의 비율로 넣고 1분간 한쪽 방향으로 잘 저어서 발효시킨다.

**02** 닭 안심은 씻은 다음 물기를 제거해서 2cm로 썰어 끓는 물에 데친다.

**03** 오이는 씨를 세서한 나음 사방 1cm로 살게 썰어서 소금에 절여 둔다.

**04** 양파와 피망도 사방 1cm로 썰어서 각각 소금에 절여 둔다.

**05** 절인 채소는 씻어서 물기를 제거한다.

**06** **01**의 발효된 고추냉이와 나머지 재료를 잘 섞어 고추냉이·마요네즈 소스를 만든다.

**07** 볼에 손질한 닭고기와 채소를 넣고 여기에 **06**의 소스를 섞는다.

**08** 그릇에 밥을 담고 속을 파서 **07**의 닭고기 혼합물을 넣고 어린잎채소를 얹어서 낸다.

**+TIP**

+ 고추냉이 · 마요네즈 소스는 치킨마유덮밥 위에도 햄버거ㅏ 샌드위치를 만들 때 빵 안쪽에 발라도 좋다.

+ 오이의 씨를 제거하는 까닭은 물기가 많이 감도는 것을 방지하기 위해서이다.

닭 안심을 채 썬다.

채 썬 안심을 다시 2cm 크기로 썬다.

닭고기를 끓는 물에 데친 뒤 고추냉이, 소금, 맛술로 밑간한다.

피망의 씨를 빼고 다듬는다.

사방 1cm로 썰어 소금에 절여 둔다.

4를 마요네즈와 섞는다.

고추냉이는 물과 1:1의 비율로 섞어 발효시킨다.

오이는 씨를 제거한 다음 사방 1cm로 잘게 썰어서 소금에 절여 둔다.

양파도 사방 1cm로 썰어 소금에 절여 둔다.

식초, 올리고당을 첨가해 소스를 만든다.

볼에 밑간한 닭과 물기를 뺀 채소를 넣는다.

고추냉이 소스와 함께 버무려 밥 위에 올린다.

# 치킨볶음밥

**재료**
닭가슴살 2조각
파인애플 6조각
브로콜리 1/3개
미니양배추 6개
당근 1/2토막
양파 1개
밥 3공기
소금 약간
식용유 2큰술

**밑간**
카레 가루 2큰술

01 닭가슴살은 씻어서 물기를 제거한 다음 사방 1.5cm로 썰고
카레 가루를 넣어서 밑간한다.

02 파인애플은 사방 2cm로 썰고, 당근은 사방 1cm로 썰어서 준비한다.

03 미니양배추는 4등분하고, 브로콜리도 사방 1.5cm로 썰어 둔다.

04 양파는 사방 0.5cm로 썰어서 준비한다.

05 달군 팬에 식용유를 두른 다음 양파를 볶다가 밑간한 닭가슴살을 넣어서 같이 볶는다.

06 닭가슴살이 다 익었으면 당근, 미니양배추, 브로콜리를 넣어서 볶는다.

07 06에 밥을 넣고 파인애플을 넣어 같이 볶다가 소금으로 간한다.

**+TIP**

+ 밥은 기름을 많이 먹기 때문에 부재료를 볶을 때만 기름을 사용하고, 밥을 볶을 때는 부지런히 저어
쌘 바닥에 눌지 않게 주의한다.

+ 파인애플을 너무 일찍 넣으면 파인애플이 물러지고, 파인애플에서 나온 물기가 밥에 스며들어 질게 되므로
가장 나중에 넣는 것이 좋다.

닭가슴살은 사방 1.5cm로 썬 뒤 카레 가루를 넣어 밑간한다.

파인애플은 사방 1cm로 썰어 둔다.

양파와 당근은 채 썬 뒤 다시 사방 0.5cm로 잘게 썬다.

닭가슴살을 넣어 같이 볶는다.

미니양배추와 브로콜리를 넣어 같이 볶는다.

밥을 넣어 볶는다.

미니양배추는 반으로 썬다.

브로콜리도 비슷한 크기로 썰어 준비한다.

팬에 기름을 두른 뒤 양파를 볶는다.

소금, 후추를 넣어 간한다.

파인애플을 넣어 볶는다.

눌지 않게 잘 볶아 완성한다.

매운닭다리살덮밥

오야코동

## 🥣 매운닭다리살덮밥 만드는 법

볼에 양념 재료를 모두 넣어 덮밥 양념을 만든다.

닭다리살을 2cm로 썰어 양념을 조금 덜어내 재운다.

애호박은 길이로 반 잘라 속을 파낸 뒤 0.3cm 두께로 썬다.

파프리카는 채 썬 뒤 잘게 썰어 둔다.

양파와 청양고추는 잘게 썰어 둔다.

팬에 기름을 두른 다음 양념에 재운 닭다리살을 넣어 볶다가 채소를 넣어 함께 볶는다.

# 매운닭다리살**덮밥**

**재료**
닭다리살 4조각
애호박 $1/2$개
노란 파프리카 1개
양파 1개
청양고추 4개
밥 4공기
물녹말 3큰술
참기름 1큰술
식용유 2큰술
물 $1+1/2$컵

**덮밥 양념**
두반장 4큰술
간장 1큰술
다진 마늘 2큰술
고춧가루 $1+1/2$큰술
설탕 $1+1/2$큰술
후추 약간
맛술 2큰술

01  닭다리살은 씻어서 찬물에 10분 담갔다가 물기를 제거한다.

02  덮밥 양념을 만든다.

03  **01**의 닭다리살은 사방 2cm로 썬 뒤 2의 양념을 조금 덜어서 재운다.

04  애호박은 길이로 반 잘라서 속을 파낸 다음 사방 0.5cm 두께로 썬다.
　　파프리카도 애호박과 같은 크기로 썰어서 준비한다.

05  양파는 곱게 다지고, 청양고추는 잘게 썰어 둔다.

06  팬에 기름을 두르고 **03**의 닭다리살을 볶다가 양파, 애호박, 덮밥 양념,
　　물을 넣고 끓인다.

07  채소가 어느 정도 익었으면 파프리카를 넣고 물녹말로 농도를 맞춘다.

08  불을 끄고 참기름을 넣은 다음 그릇에 밥을 담고 그 위에 얹어서 낸다.

**+TIP**

+ 덮밥 위에 파슬리 가루, 김 가루나 파래 가루, 검은깨, 통깨 등을 뿌리면 보기에도 좋고 맛도 풍부해진다.
+ 물녹말은 물과 녹말을 1:1의 비율로 잘 섞어서 만든다. 국물이나 소스의 농도를 맞추기 위해 사용한다.

닭다리살은 먹기 좋게 썬 다음 밑간해 둔다.

냄비에 육수 재료를 넣어 끓인 뒤 건더기를 체에
밭쳐 육수만 따로 담는다.

육수에 간장, 설탕, 맛술을 넣고 거품이 날 때까지
끓인다.

3에 닭다리살을 넣어 끓인다.

양파와 쪽파를 넣어 같이 끓인다.

달걀을 풀어서 넣고 불을 끈다.

담백한 일본식 닭고기 덮밥

# 오야코동

**재료**
닭다리살 4조각
쪽파 16줄기
달걀 4개
양파 2개
김채 적당량
밥 4공기

**닭고기 밑간**
간장 2큰술
후추 약간
맛술 2큰술

**육수**
다시마(사방 5cm) 6장
국물용 멸지 20마리
대파 ¼대
양파 ¼개
가쓰오부시 1컵
물 6컵

**장국**
육수 4컵
간장 1큰술
설탕 4큰술
맛술 4큰술

01 닭다리살은 껍질을 벗긴 다음 씻어서 찬물에 10분 담갔다가 물기를 제거한다.

02 01의 닭다리살은 3cm 길이로 굵게 채 썬 다음 밑간한다.

03 냄비에 물과 멸지, 다시마, 대파, 양파를 넣고 30분간 누었다가
거품이 나면 불 을 끄고 가쓰오부시를 넣은 채 5분간 둔다.

04 건더기를 체에 밭쳐서 육수만 받은 다음 냄비에 넣는다.

05 04의 육수에 간장, 설탕, 맛술을 넣고 거품이 날 정도로 끓여 장국을 만든다.

06 쪽파는 4cm로 썰고, 양파는 채 썰어 둔다. 달걀은 풀어서 준비한다.

07 02의 닭고기를 달군 팬에 앞뒤로 겉만 노릇하게 익도록 굽는다.

08 장국에 구운 닭고기를 넣고 양파와 쪽파도 넣는다.

09 국물이 끓으면 풀어둔 달걀을 넣고 바로 불을 끈 다음 밥 위에 붓는다.
밥 위에 김채를 얹어서 낸다.

**+TIP**

+ 국물이 밥 아래로 촉촉하게 스며들어야 맛있으니 완성된 요리는 오목한 그릇에 담는 것이 좋다.
+ 닭의 껍질을 벗기면 좀 더 담백한 맛을 낼 수 있다

고추와 마늘향이 입맛 돋우는

# 깐풍기

**재료**
닭 1마리(9호, 900g)
풋고추 2개
홍고추 2개
대파 1대
마늘 3톨
식용유 적당량

**밑간**
참기름 1작은술
맛술 1작은술
소금·후추 적당량

**튀김 반죽**
달걀 1개
녹말가루 4큰술

**깐풍 소스**
진간장 3큰술
설탕 3큰술
식소 1큰술

01  닭고기는 씻어서 물에 10분 정도 두었다가 물기를 제거한다.

02  01의 닭고기를 밑간해 20분간 재운다.

03  밑간한 닭고기에 날살을 넣어 거품이 날 정도로 섞은 후 녹말가루를 넣는다.

04  180℃ 기름에 튀김옷을 입은 닭고기를 넣어 1번째는 15분간
2번째는 10분간 튀기고 기름기를 뺀다.

05  대파와 고추는 사방 0.5cm 크기로 썬다. 마늘도 잘게 다진다.

06  달군 팬에 기름을 두르고 마늘을 향이 나게 볶는다.

07  06에 대파와 고추 반만 넣고, 깐풍 소스를 넣어서 조린다.

08  튀긴 닭을 07의 소스에 버무려 그릇에 담는다.
남은 고추를 남은 소스에 넣고 섞어 닭 위에 얹는다.


**+ T I P**

+ 적당히 달군 기름에 튀김옷을 약간 떨어뜨렸을 때 웍 중간까지 내려갔다가 올라오면 180℃로
튀기기 적당한 온도다.

+ 깐풍기 소스는 국물이 거의 없어지도록 조려야 버무릴 때 바삭한 닭의 겉면을 유지할 수 있다.

닭고기는 지방을 제거해 4cm로 썬 뒤 찬물에 담가 핏물을 제거한다.

닭의 물기를 제거한 뒤 밑간해 20분간 재운다.

2에 달걀을 넣어 거품이 날 정도로 섞는다.

파와 마늘은 굵게 다진다.

고추는 사방 0.5cm로 썬다.

팬에 기름을 두르고 파, 마늘을 향이 나게 볶는다.

3에 녹말가루를 넣어 고루 섞는다.

180℃ 기름에 닭을 넣어 첫 번째는 15분간 튀긴다.

한 번 튀겨 낸 닭을 다시 기름에 넣어 10분 정도 더 튀긴 뒤 기름을 뺀다.

9에 간장, 설탕, 식초를 넣고 국물이 거의 없어지도록 조린다.

튀긴 닭을 소스에 버무린다.

완성된 요리를 그릇에 담고 남은 소스를 닭 위에 얹어서 낸다.

# 레몬유린기

**재료**
닭다리살 4조각
양상추잎 4장
대파 1대
소금 약간
박력분 1컵
식용유 적당량

**밑간**
소금 ½작은술
후추 조금
맛술 1큰술
참기름 ½큰술

**튀김 반죽**
달걀 1개
박력분 1컵
찹쌀가루 2큰술
녹말가루 ¼컵
물(탄산수) ½컵
소금 조금

**소스**
간장 3큰술
레몬 1개
홍고추 1개
설탕 3큰술

01 닭다리살은 씻어서 찬물에 10분간 담갔다가 물기를 제거하고 먹기 좋게 썰어 둔다.

02 01의 닭다리살을 밑간해 20분간 재운다.

03 튀김 반죽을 만들어 준비하고, 밑간한 닭고기에 박력분을 묻혀 튀김 반죽에 버무린다.

04 180℃ 기름에 튀김옷을 입힌 닭고기를 넣어 1번째는 15분간, 2번째는 10분간 튀기고 키친타월에 올려 기름기를 뺀다.

05 대파는 채 썬 뒤 찬물에 담갔다가 물기를 제거한다.

06 레몬은 소금으로 문질러 깨끗하게 씻은 다음 은행잎 모양으로 썰어서 준비한다.

07 손질한 레몬과 나머지 재료를 섞어 유린기 소스를 만든다. 홍고추도 송송 썰어 넣는다.

08 그릇에 양상추를 깔고 유린기 소스를 끼얹은 다음 대파채도 얹어서 낸다.

**+ TIP**

+ 튀길 때 닭을 한꺼번에 넣으면 기름 온도가 떨어져 잘 익지 않으므로 전체 분량의 ⅓씩 나누어 튀기는 것이 좋다.

닭은 잘 씻어 지방을 제거한 뒤 먹기 좋게 썰어 밑간해 20분간 재워 둔다.

튀김 반죽을 만든 뒤 닭을 넣고 버무린다.

180℃ 기름에 닭을 넣어 첫 번째는 15분간 튀긴다.

레몬은 소금을 문질러 깨끗이 씻는다.

레몬을 반달 모양으로 얇게 썬다.

붉은 청양고추는 송송 썰어 준비한다.

한 번 튀겨 낸 닭을 다시 기름에 넣어 10분 정도 더 튀긴 뒤 기름을 뺀다.

대파는 가늘게 채 썬다.

채 썬 대파를 찬물에 담가 둔다.

레몬과 양념 재료를 모두 섞어 유린기 소스를 만든다.

양상추를 먹기 좋게 손으로 찢어 그릇에 깐다.

튀긴 닭을 올린 뒤 유린기 소스를 끼얹고, 대파채를 얹어 낸다.

만두를 넣은 중국식 찜닭

# 지공바오



**재료**
닭 1마리(9호, 900g)
양파 $1/2$개
청경채 2송이
콩나물 150g
물만두 12개
감자 1개
고구마 1개
납작당면 50g
굴소스 2큰술
간장 4큰술
식용유 2큰술
물 5컵

**향채**
대파 $1/4$대
마늘 2톨
생강 $1/2$쪽
마른 청양고추 5개

01  자른 닭은 물에 20분간 담갔다가 체에 밭쳐 키친타월 위에 올려
　　물기를 제거한다.

02  콩나물은 씻어서 찬 물에 담가 둔다.

03  양파는 사방 3cm로 썰고, 청경채는 3등분한다.

04  감자와 고구마는 껍질을 벗긴 다음 도톰하게 썰어서 찬물에 담가 둔다.
　　당면은 물에 불려 둔다.

05  대파는 2cm로 썰고, 생강과 마늘은 편으로 썰어 둔다.
　　마른 청양고추는 1cm로 썰어 둔다.

06  냄비에 기름을 두른 다음 향채를 볶다가 닭고기를 넣어 같이 볶는다.

07  06에 굴소스와 간장을 같이 넣고 볶다가 물을 넣어서 30분간 끓인다.

08  닭고기가 어느 정도 익었으면 고구마, 감자를 넣어서 끓인다.

09  08에 콩나물, 물만두, 당면, 양파를 넣고 한소끔 더 끓여서 낸다.

**+ TIP**

+ 닭고기에 양념을 넣고 끓일 때 국자로 국물을 끼얹으며 익혀야 고기에 윤기가 돌고 요리를 완성했을 때
　더 먹음직스럽다.

닭은 찬물에 20분간 담가 핏물을 뺀 뒤 키친타월에 올려 물기를 제거한다.

양파를 도톰하게 채 썬다.

청경채는 3등분해 썬다.

냄비에 기름을 두른 뒤 향채를 볶는다.

손질한 닭과 굴소스, 간장을 넣어 끓인다.

물을 넣어 30분간 끓인다.

# 치킨**도리아**

**재료**

닭다리살 2조각
단호박 1/4개
고구마 1/2개
밥 1/2공기
핫소스 1/2큰술
우유 2/3컵
다진 양파 4큰술
소금 1/2작은술
후추 1/3작은술
모차렐라 치즈 1컵
다진 파슬리 2큰술

**01** 닭다리살은 씻어서 찬물에 10분간 담근 다음 물기를 제거한다.

**02** 01의 닭다리살은 껍질을 벗긴 다음 사방 1.5cm 크기로 썬다.

**03** 단호박은 씨와 껍질을 벗긴 다음 사방 1cm로 썰고, 고구마도 같은 크기로 썬다.
썰어 둔 고구마는 물에 남가 둔다.

**04** 팬에 기름을 두른 다음 다진 양파를 볶다가 손질한 닭고기를 넣어서 같이 볶는다.

**05** 닭고기가 익었으면 단호박과 고구마를 넣어서 더 볶는다.

**06** 05에 밥을 넣고 우유와 핫소스, 소금 1/2 작은술, 후추로 간한다.

**07** 그라탕기에 볶은 재료를 넣고 그 위에 모차렐라 치즈를 얹은 다음
다진 파슬리를 뿌린다.

**08** 180℃로 예열한 오븐에 그라탕기를 넣고, 중간단에서 20분간 굽는다.

**+TIP**

+ 오븐 대신 팬에서 바로 치즈를 뿌려 뚜껑을 덮고 약한 불에서 익혀도 된다.

+ 고구마, 감자, 단호박 등 탄수화물이 많은 식자재는 밥, 치즈와 잘 어울리고 영양 균형을 맞춰준다.

껍질을 벗긴 닭다리살을 사방 1.5cm로 썬다.

단호박은 사방 1cm로 썬다.

고구마도 단호박과 같은 크기로 썰어 물에 담가 둔다.

후추를 뿌린다.

닭고기와 채소가 어느 정도 익으면 우유를 붓는다.

골고루 저어가며 끓인다.

팬에 기름을 두르고 양파를 볶다가 닭고기를 넣어 같이 볶는다.

단호박과 고구마도 넣어 함께 볶는다.

핫소스, 소금을 넣는다.

그라탕 용기에 밥을 담는다.

밥 위에 볶은 재료를 올린다.

모짜렐라 치즈와 파슬리를 뿌린 뒤 오븐에 넣고 180℃, 중간단에서 20분간 굽는다.

# 케이준치킨샐러드

**재료**

닭가슴살 2조각

쌈채소 200g

(쌈배추, 치커리, 겨자잎 등)

미니파프리카 4개

비트 10g

케이준스파이스 3큰술

올리브오일 2큰술

**밑간**

소금 $\frac{1}{3}$작은술

후추 $\frac{1}{3}$작은술

맛술 $\frac{1}{2}$큰술

**허니머스터드 드레싱**

마요네즈 3큰술

머스터드 1큰술

꿀 3큰술

로즈마리 1줄기

01 닭가슴살은 씻어서 물기를 제거한 다음 포를 떠서 준비한다.

02 손질한 닭가슴살을 밑간한다.

03 밑간한 닭가슴살에 케이준스파이스를 바른 다음 팬에
올리브오일을 둘러서 굽는다.

04 미니파프리카는 씻어서 물기를 제거한 다음 닭고기와 같이 굽는다.

05 쌈채소는 4cm 길이로 썰어서 물에 5분 정도 담갔다가 물기를 제거한다.

06 로즈마리는 잘게 다져서 허니머스터드 드레싱을 만든다.
비트는 채 썰어서 찬물에 헹군 다음 물기를 제거한다.

07 접시에 쌈채소를 담고 구운 닭고기를 올린 다음 그 위에 비트를 올리고,
소스를 뿌려서 낸다.

**+TIP**

+ 허니머스터드 드레싱에 양파를 다져 넣으면 맛과 식감이 훨씬 풍부해진다. 다진 양파는 물에 담가
아린 맛을 뺀 뒤에 넣도록 한다.

닭고기를 볼에 넣고 소금, 후추, 맛술과 함께 올리
브오일을 뿌린다.

양념이 골고루 배도록 밑간한다.

케이준스파이스를 만든다.

채소를 건진 뒤 키친타월 위에 올려 물기를 제거
한다.

로즈마리를 잘게 다진다.

마요네즈와 머스터드, 로즈마리를 넣는다.

밑간한 닭고기에 케이준스파이스를 앞뒤로 묻힌다.

팬에 기름을 넉넉하게 두른 뒤 4의 닭고기를 굽는다.

양상추와 비타민을 4cm 크기로 찢어서 물에 5분간 담가 둔다.

꿀을 너한나.

잘 섞어 허니머스터드 드레싱을 만든다.

팬에 양념한 닭고기와 파프리카를 굽는다.

# 코코뱅

**재료**
닭 북채살 8조각
우유 2컵
베이컨 4소삭
밀기루 1컵
버터 2큰술
셀러리 1대
당근 $1/3$개
양파 $1/2$개
양송이버섯 8개
마늘 4톨
월계수잎 3장
레드와인 2컵
파슬리 가루 적당량

**밑간**
소금 1작은술
후추 약간

01  닭다리는 칼집을 넣은 다음 우유에 20분간 담가 둔다.

02  01의 닭고기를 깨끗하게 씻어서 물기를 제거한 다음 소금, 후추로 밑간한다.

03  밑긴힌 닭고기에 밀가루를 충분히 묻혀 둔나.

04  베이컨은 2cm 폭으로 살라서 순비해 둔다.

05  셀러리, 당근, 양파, 양송이버섯은 먹기 좋게 3cm로 썰어 둔다.

06  달군 팬에 베이컨을 넣고 볶다가 버터를 조금 넣는다.

07  06에 채소와 마늘을 넣어서 볶고, 여기에 03의 닭고기를 넣어서 같이 볶는다.
닭고기의 색이 노릇해지도록 볶는다.

08  와인은 다른 팬에 넣고 끓기 직전에 불을 붙여 알코올을 날린다.

09  구운 닭고기에 알코올을 날린 와인, 월계수잎을 넣어서 처음에는
센 불에서 끓이다가 약불에서 1시간 정도 폭 끓인다.

10  완성된 요리를 그릇에 담고 파슬리 가루를 뿌려서 낸다.

**+TIP**

+ 과정 08에서 와인에 불을 붙어 알코올을 날리는 것을 '플링베(Flambee)'라고 힌나.
플랑베는 단시간에 알코올을 증발시키고 술의 향이 음식에 배어들게 하는 프랑스식 조리법이다.

+ 와인은 조리용 와인이 좋으나 먹다 남은 와인을 모아서 써도 무방하다.

닭은 4등분해서 칼집을 넣은 뒤 깨끗이 씻어 우유에 20분간 담가 둔다.

손질한 닭을 소금, 후추로 밑간한 뒤 밀가루를 묻힌다.

베이컨은 2cm 폭으로 자른다.

양파도 큼직하게 썬다.

달군 팬에 베이컨을 볶다가 버터를 넣어 함께 볶는다.

손질한 채소를 넣고 볶다가 닭을 넣어 노릇하게 굽는다.

셀러리는 껍질을 벗긴 뒤 3cm 길이로 자른다.

양송이버섯은 큼직하게 썬다.

당근은 반달 모양으로 썬다.

다른 냄비에 와인을 넣고 센 불에서 끓여 알코올을 날린다.

9에 와인을 넣어 센 불에서 끓인다.

약한 불에서 1시간 정도 푹 더 끓인다.

# 매운닭고기**피자**

**재료**

닭 안심 6조각
피자 소스 1컵
양파 1개
바질잎 4장
파슬리 약간
청피망 1개
썬드라이드 토마토 6조각
또띠아(10인치) 1개
피자치즈 1컵

**밑간**

청양고추 6개
간장 1작은술
후추 약간
화이트와인 $^{1}/_{2}$큰술
핫소스 1작은술
올리브오일 1큰술

**01** 닭 안심은 헹군 다음 물기를 제거한다.

**02** 청양고추는 믹서로 곱게 간 다음 나머지 재료를 넣고 밑간 양념을 만든다.

**03** 닭 안심은 3cm로 잘라서 2의 양념으로 밑간해서 볶아 둔다.

**04** 양파는 둥근 모양을 살려 0.5cm로 썰고, 썬드라이드 토마토는 잘게 썰어 둔다.

**05** 피망은 둥근 모양을 살려서 0.5cm로 썬다.

**06** 팬에 밑간한 닭고기를 볶는다.

**07** 또띠아에 피자 소스를 바른 다음 그 위에 볶은 닭 안심,
썬드라이드 토마토 순으로 올린다.

**08** 양파와 피망을 올린 다음 피자치즈를 올린다.

**09** 200℃로 예열한 오븐 윗단에 넣고 10분간 굽는다.

**10** 바질잎과 파슬리를 올려 완성한다.

**+TIP**

**+** 가니쉬로 파르메산 치즈 가루를 뿌려 장식해도 좋다.

닭 안심은 2cm로 잘라서 깨끗이 씻은 뒤 물기를
제거한다.

청양고추는 믹서로 곱게 갈아 준비한다.

볼에 닭 안심과 밑간 양념을 넣는다.

절인 토마토는 잘게 썰어 준비한다.

팬에 밑간한 닭고기를 볶는다.

또띠아에 피자 소스를 바른 뒤 닭고기와 절인 토마
토를 올린다.

중분히 저어 밑간해 둔다.

양파는 둥근 모양을 살려 곱게 썬다.

피망은 씨를 제거하고 썬다.

양파와 피망을 올린다.

피자치즈를 뿌린 뒤 오븐에 넣어 200℃에서 15분
간 굽는다.

파르메산 치즈를 뿌린 뒤 접시에 담아 낸다.

씹는 맛이 좋은 스페인식 볶음밥

# 치킨빠에야

**재료**
닭다리 4조각
쌀 1컵
다진 양파 1컵
파슬리
파르메산 치즈 가루 약간
올리브오일 3큰술
강황가루 1작은술
소금·후추 약간
파슬리 가루 1큰술
물 4컵

**밑간**
소금 ½작은술
후추 조금
참기름 1작은술
맛술 1큰술

01  닭다리살은 지방을 제거한 다음 칼집을 넣어서 먹기 좋게 썰어 둔다.

02  손질한 닭다리살은 물에 20분간 담가 핏물을 뺀 뒤 물기를 제거한다.

03  닭고기를 밑간해 20분간 재운다.

04  쌀은 씻어서 물기를 제거한다.

05  냄비에 올리브오일, 다진 양파를 넣고 볶다가 쌀을 넣어서 간이 볶는다.

06  팬에 밑간한 닭고기를 넣고 앞뒤로 노릇하게 구워서 따로 빼 둔다.

07  05에 강황가루를 넣고 구운 닭을 넣어서 조금 더 볶다가 물을 넣어서 끓인다.

08  국물이 거의 없어지면 소금, 후추로 간하고 파르메산 치즈 가루도 뿌린다.

09  완성된 요리를 그릇에 담고 파슬리 가루를 뿌려서 낸다.

**+TIP**

+ 강황가루 대신 카레 가루를 사용해도 된다.

+ 카레 가루는 간이 돼 있기 때문에 간을 조절해가면서 넣도록 한다.

닭다리살은 물에 20분간 담가 핏물을 제거한다.

닭다리살의 물기를 제거한 뒤 칼집을 넣고 밑간을 한다.

잘 배어들도록 저은 뒤 20분간 재운다.

다른 냄비에 밑간한 닭고기를 넣고 앞뒤로 노릇하게 굽는다.

6에 강황가루를 넣고 색이 노랗게 나도록 볶는다.

닭고기를 넣고 함께 볶는다.

양파를 잘게 다진다.

팬에 다진 양파를 넣고 볶는다.

5에 깨끗이 씻어 물기를 제거한 쌀을 넣고 함께 볶는다.

9에 물 1컵을 붓는다.

국물이 거의 없어질 때까지 끓인다.

소금, 후추로 간한 뒤 파르메산 치즈를 뿌린다.

집밥이
꿀맛 되는

# 반찬 요리

# 닭채소볶음

**재료**
닭가슴살 2조각
표고버섯 10개
양파 1/2개
홍고추 1개
참기름 적당량
깨소금 약간

**밑간**
소금 1작은술
후추 1작은술
맛술 1작은술
참기름 1작은술

**양념**
산상 2큰술
다진 마늘 1/2큰술
포도씨유 2큰술

**01** 닭다리살은 0.5cm 두께로 채 썬 후 밑간해 30분간 재운다.

**02** 표고버섯은 밑동을 뗀 후 채 썰고, 양파도 채 썰어 둔다.

**03** 고추는 길이로 빈 자른 다음 씨를 제거하고 채 썰어서 준비한다.

**04** 달군 팬에 밑간한 닭다리살을 볶다가 양파를 넣어 중간 불에서 1분간 더 볶는다.

**05** 닭고기가 다 익었으면 버섯을 넣고 숨이 죽으면 고추를 넣어 더 볶는다.

**06** 채소와 고기가 다 익었으면 불을 끄고 참기름, 깨소금을 넣어 골고루 섞는다.

**+ TIP**

+ 닭고기와 채소는 익는 속도가 다르기 때문에 닭고기 먼저 익힌 뒤 채소를 넣어 볶아야 한다.

닭다리살은 0.5cm 두께로 채 썬다.

닭고기를 밑간 재료에 버무려 30분간 재운다.

표고버섯은 밑동을 떼어내고 갓에 붙은 잔여물을
털어낸다.

양파도 채 썰어 준비한다.

달군 팬에 밑간한 닭고기를 볶는다.

8에 채 썬 양파를 넣어 중간 불에서 1분간 볶다가
간장을 넣는다.

1cm 폭으로 채 썬다.

고추는 길이대로 반 자른 뒤 씨를 제거한다.

잘게 채 썬다.

고기가 다 익었으면 버섯을 넣는다.

버섯이 숨이 죽으면 채 썬 고추를 넣어 함께 볶는다.

불을 끄고 참기름, 깨소금을 넣어 골고루 섞는다.

# 닭불고기

**재료**

닭다리살 400g
양파 1/2개
당근 1/5개
대파 1/5대
풋고추 1개
홍고추 1개
숙주 150g
식용유 1큰술

**볶음 양념**

고춧가루 2큰술
간장 3큰술
설탕 1큰술
올리고당 2큰술
생강즙 1/2큰술
참기름 1작은술
후춧가루 1/4큰술

01 닭다리살은 찬물에 10분간 담갔다가 체에 밭쳐서 키친타월에 올려
물기를 제거한다.

02 01의 닭다리살은 껍질을 벗긴 다음 2×5cm로 먹기 좋게 썰어 둔다.

03 볶음 양념장을 만들어 준비한다.

04 볼에 02의 닭다리살을 넣고 볶음 양념의 반을 덜어 재워 둔다.

05 당근은 반달 모양으로 얇게 썰고, 양파는 굵게 채 썬다.
고추와 대파는 어슷하게 썬다.

06 숙주는 씻어서 찬물에 5분간 담갔다가 물기를 제거해 둔다.

07 팬에 양념한 닭다리살을 볶다가 양파, 당근, 나머지 양념을 넣어서 더 볶는다.

08 채소가 익었으면 숙주, 대파와 고추를 넣어서 한 번 더 볶은 다음
그릇에 담아서 낸다.

**+ TIP**

+ 좀 더 매콤한 맛을 내고 싶다면 청양고춧가루를 사용해도 좋다.
+ 재료를 볶기 전에 닭만 미리 하루 재웠다가 볶으면 맛이 더 잘 밴다.

닭다리살은 찬물에 담가 핏물을 뺀 뒤 물기를 제거한다.

닭다리살의 껍질을 벗긴 뒤 2×5cm 크기로 먹기 좋게 썬다.

볶음 양념장을 만든다.

풋고추와 홍고추는 어슷하게 썬다.

숙주는 물에 담가 둔다.

볼에 손질한 닭고기와 양념의 반을 덜어 재워 둔다.

당근은 반달 모양으로 얇게 썬다.

대파는 흰 부분을 사용한다.

팬에 닭고기를 볶다가 당근, 양파를 넣어 함께 볶는다.

나머지 양념을 넣어서 한 번 더 볶는다.

수주아 대파를 넣어 볶아준 뒤 그릇에 담아 낸다.

# 닭**갈비**

**재료**

닭다리살 400g
양배추잎 3장
고구마(중간 크기) 1개
대파 $1/2$대
양파 $1/2$개
당근 $1/4$개
가래떡 100g
깻잎 10장
당면 30g
식용유 1큰술

**닭갈비 양념**

고추장 3큰술
고춧가루 1큰술
간장 2큰술
다진 마늘 1큰술
다진 생강 $1/2$작은술
설탕 2큰술
올리고당 3큰술
깨소금 1큰술
참기름 1작은술
카레 가루 1작은술
후추 $1/4$작은술
소금 $1/3$작은술

01  닭다리살은 물에 한 번 헹군 다음 물기를 제거하고 2×5cm로 잘라서 준비한다.

02  볼에 닭갈비 양념을 다 넣어서 잘 섞는다. 이것을 손질한 닭다리살에
    반만 넣어서 재운다.

03  양배추의 깻잎도 씻어서 닭다리살과 같은 크기로 썬다.

04  양파는 씻어서 굵게 채 썰고, 대파는 양파와 비슷한 크기로 어슷하게 썬다.

05  고구마는 씻어서 껍질을 벗긴 다음 길게 반으로 자르고 0.5cm 두께로
    어슷하게 썬 다음 찬물에 담가 둔다.

06  당근은 껍질을 벗기고 씻어서 물기를 제거한 다음 어슷하게 썬다.

07  가래떡은 떡볶이용으로 준비하고, 당면은 물에 충분히 잠기게 한 다음
    30분간 부드럽게 불린다.

08  달군 팬에 기름을 두르고 양념한 닭다리살을 볶다가 채소, 가래떡, 당면을
    넣어서 볶는다. 처음에는 센 불에서 볶다가 중간 불에서 속까지 익도록 볶는다.

09  깻잎, 대파는 내기 직전에 넣고, 남은 양념은 기호에 맞게 양을 조절하면서 더 넣는다.


**+TIP**

+ 닭고기를 바로 조리하기보다 양념을 절반 정도 덜어 고기를 잰 뒤에 구울 때 나머지 양념과 함께 조리하면
  양념이 속까지 잘 배게 된다.
+ 마지막에 모짜렐라 치즈를 뿌려서 먹어도 맛있다.

닭고기는 물에 담가 핏물을 제거하고 물기를 뺀 뒤 2×5cm로 썬다.

닭갈비 양념장을 만든다.

볼에 손질한 닭고기와 양념장의 반을 덜어 재워 둔다.

가래떡은 고기와 비슷한 크기로 썬 뒤 반을 갈라 준비한다.

당면을 물에 불린다.

팬에 양념해 둔 닭고기를 볶다가 가래떡, 당면, 나머지 양념장을 넣어 볶는다.

양배추는 닭고기와 비슷한 크기로 썬다.

고구마는 씻어서 껍질을 벗긴 뒤 길게 반으로 자르고 다시 0.5cm 두께로 썬다.

깻잎도 다른 채소와 비슷한 크기로 썰어 준비한다.

9에 양파, 당근, 양배추를 넣는다.

센불에서 볶다가 중간 불에서 볶는다

깻잎과 대파를 넣어 함께 볶는다.

# 닭떡갈비

**재료**

닭다리살 300g
떡볶이 떡 12개
잣가루 1큰술
밀가루 2큰술
식용유 1큰술

**떡갈비 양념**

양파 $1/2$개
다진 파 1큰술
다진 마늘 2작은술
달걀 $1/2$개
찹쌀가루 3큰술
빵가루 2큰술
간장 1작은술
깨소금 $1/2$큰술
설탕 1작은술
맛술 $1/2$큰술
참기름 1작은술
소금 $1/2$큰술

**01** 닭다리살은 씻은 다음 물기를 제거하고 껍질을 벗겨서 잘게 다진다.

**02** 양파는 잘게 다진다.

**03** 볼에 다진 닭고기와 다진 양파, 나머지 떡갈비 양념을 넣어서 차지게 치댄다.

**04** 03의 떡갈비를 밀가루를 바른 떡볶이 떡에 떨어지지 않도록 잘 붙인다.

**05** 달군 팬에 기름을 조금 두른 다음 떡갈비가 타지 않도록
중약불에서 은근하게 굽는다.

**06** 키친타월 위에 잣을 곱게 다진 다음 구운 떡갈비 위에 뿌려서 낸다.

**+TIP**

+ 떡갈비를 굽기 전에 밀가루가 고기의 수분과 만나 충분히 붙을 수 있도록 잠시 그대로 둔다.

닭다리살은 찬물에 담가 핏물을 뺀다.

닭다리살을 키친타월에 올려 물기를 제거한다.

닭다리살의 껍질을 벗긴다.

양파를 더 잘게 다진다.

볼에 손질한 닭고기, 다진 양파, 양념 재료를 넣는다.

재료가 잘 섞이도록 차지게 치댄다.

남은 닭다리살을 잘게 다진다.

양파는 반으로 자른 뒤 잘게 칼집을 넣는다.

5의 양파를 돌려 잡고 잘게 썬다

떡볶이떡에 밀가루를 바른 뒤 떡갈비 반죽을 떨어지지 않게 잘 붙인다.

적정 분량을 만들어 구을 준비를 한다.

팬에 기름을 두른 뒤 떡갈비를 넣어 중약불에서 타지 않도록 은근하게 굽는다.

닭북어조림

닭가슴살장조림

닭다리살은 껍질을 벗긴 뒤 사방 4cm로 썬 뒤 밑간해 둔다.

북어포는 물에 불린 뒤 물기를 제거하고 양념이 잘 배도록 잔칼집을 넣은 다음 4cm로 자른다.

조림 양념장을 만든다.

팬에 닭다리살을 볶다가 북어포를 넣어 함께 볶는다.

4에 양념을 넣고 함께 볶는다.

양파, 대파, 홍고추, 풋고추를 올려 국물이 자작해질 때까지 볶는다.

# 닭북어조림

**재료**
닭다리살 2조각
북어포 1마리
대파 1/2개
양파 1/4개
홍고추 1개
물 1컵

**조림 양념**
다진 마늘 1/2큰술
간장 3큰술
설탕 1/2큰술
후추 약간
올리고당 2큰술
고춧가루 1큰술

01 닭다리살은 찬물에 10분간 담갔다가 체에 밭친 뒤 키친타월에 올려
물기를 제거한다.

02 01이 닭다리살은 껍질을 벗긴 다음 사방 3cm로 먹기 좋게 썰어 둔다.

03 북어포는 머리, 지느러미, 꼬리를 제거한 뒤 물을 적신 다음 2분간 불린다.

04 불린 북어포의 가장자리에 잔 칼집을 넣고 4cm로 자른다.

05 조림 양념장을 만든다.

06 팬에 손질한 닭다리살과 북어, 조림 양념을 넣고 물을 부어 끓인다.

07 대파와 고추는 어슷하게 썰고, 양파는 채 썬다.

08 국물이 자작하게 조려지면 손질한 채소를 넣고 한소끔 더 끓여서 그릇에 담는다.

**+TIP**

+ 북어포는 적당한 크기로 자른 뒤 젖은 면포에 싸서 불려도 된다.

+ 조리 시 양념장을 한꺼번에 다 넣지 말고 두세 번 나누어 넣으면서 간을 보고 음식을 완성한다.

닭가슴살은 찬물에 15분간 담가 핏물을 뺀 뒤 끓는 물에 살짝 데친다.

무말랭이는 찬물에 5분간 담가 둔다.

냄비에 물을 붓고 마늘, 생강, 통후추를 넣어 끓인 뒤 데친 닭고기를 넣어 30분간 같이 삶는다.

닭가슴살이 완전히 익으면 건져내 먹기 좋게 손으로 찢는다.

나머지 국물은 체에 걸러서 냄비에 담는다.

5의 국물에 닭고기와 무말랭이, 간장, 설탕을 넣고 더 끓인다.

# 닭가슴살**장조림**

**재료**
닭가슴살 1조각
꽈리고추 5개
무말랭이 5g
마늘 2폴
마른 청양고추
생강 $1/2$쪽
통후추 $1/3$작은술
간장 2큰술
올리고당 1큰술
설탕 $1/2$큰술
물 2+$1/2$컵

01 닭가슴살은 찬물에 15분간 담갔다가 끓는 물에 넣어서 데친다.

02 무말랭이는 찬물에 5분간 담가 두고 긴 것은 2등분 한다.

03 냄비에 물이 끓으면 마늘, 생강, 통후추를 넣고 01의 닭가슴살과 같이
   30분간 삶는다.

04 꽈리고추는 씻어서 꼭지를 뗀 다음 먹기 좋은 크기로 썰어서 준비한다.

05 닭고기가 완전히 익으면 건져서 찢고, 나머지 국물은 체에 걸러서
   냄비에 담는다.

06 05의 국물에 닭가슴살과 무말랭이, 꽈리고추, 간장, 설탕, 올리고당을 넣고
   더 끓인다.

07 국물이 반으로 줄면 불을 끄고 그릇에 담는다.

**+TIP**

+ 과정 06에서 닭고기에 간이 고루 배일 수 있게 저어가며 조리한다.

# 시래기닭조림

**재료**

닭 ¹/₂마리(9호, 450g)
불린 시래기 300g
대파 ¹/₂대
홍고추 1개
청양고추 2개
다진 마늘 1큰술
된장 2큰술
들기름 2큰술
물 6컵
후추 ¹/₄작은술
소금 약간

**밑간**

맛술 1큰술
소금 ¹/₃작은술
참기름 1큰술

01  토막 낸 닭은 깨끗하게 씻고 두꺼운 것은 칼집을 넣어서 준비한다.

02  손질한 닭고기를 찬물에 10분간 담갔다가 물기를 제거한다.

03  **02**의 닭고기를 밑간해 20분간 재운다.

04  냄비에 밑간한 닭고기를 넣어서 앞뒤로 노릇하게 굽고 물을 넣어서 끓인다.

05  불린 시래기는 질긴 껍질을 벗겨서 깨끗하게 씻은 다음 물기를 제거한다.

06  손질한 시래기를 5cm로 썬 뒤 된장, 마늘, 들기름을 넣어서 무친다.

07  대파, 고추는 어슷하게 썰어서 준비한다.

08  **04**의 국물이 반으로 줄면 양념한 시래기를 넣어서 속까지 익도록 끓인다.

09  국물이 자작해지면 대파와 고추, 후추를 넣고 기호에 따라 소금으로 간한다.

**+TIP**

+ 시래기는 조리하기 전에 1시간 정도 불려서 준비하면 좀 더 연하게 먹을 수 있다.
+ 시래기 줄기의 겉껍질은 그냥 놔둬도 되지만 벗겨내서 조리하면 훨씬 부드럽다.

닭은 5cm 크기로 자른 뒤 양념이 잘 배도록 닭다리에 칼집을 넣는다.

손질한 닭고기를 찬물에 담가 핏물을 뺀다.

닭고기를 키친타월 위에 올려 물기를 제거하고 밑간해 20분간 재운다.

냄비에 닭고기를 앞뒤로 노릇하게 볶는다.

시래기와 물을 넣고 센 불에 볶다가 끓으면 중불로 줄인다.

대파와 청양고추, 홍고추는 어슷하게 썰어 준비한다.

시래기는 줄기의 질긴 부분을 벗겨 낸다.

손질한 시래기를 먹기 좋은 크기로 썬다.

볼에 시래기, 된장, 다진 마늘, 들기름을 넣어 잘 버무린다.

국물이 자작하게 졸아들면 소금, 후추로 가한 뒤 대파와 고추를 넣어서 한 번 더 끓인다.

# 묵은지닭찜

**재료**
닭 $^1/_2$마리(9호, 450g)
묵은 김치 $^1/_2$포기
대파 $^1/_2$대
홍고추 1개
풋고추 2개
다진 마늘 1큰술
고춧가루 1큰술
액젓 1큰술
소금 약간
물 5컵
후추 $^1/_4$작은술

**밑간**
소금 $^1/_3$작은술
참기름 $^1/_2$큰술

01  토막 낸 닭은 깨끗하게 씻고 두꺼운 것은 칼집을 넣어서 준비한다.

02  손질한 닭고기는 찬물에 10분간 담갔다가 물기를 제거한다.

03  02의 닭고기를 소금, 참기름으로 밑간한다.

04  묵은 김치는 소를 털어 낸다.

05  냄비에 닭고기를 넣고 노릇하게 굽다가 김치를 넣고 조금 더 볶는다.

06  05에 물을 붓고 고춧가루를 넣어서 끓으면 불을 중불로 줄인다.

07  대파, 고추는 어슷하게 썰어서 준비한다.

08  06의 국물이 자작하게 끓여지면 액젓, 마늘, 후추를 넣고 소금을 넣어서
간을 맞춘다.

09  08에 대파와 고추를 넣어서 한 번 더 끓인 다음 불을 끈다.

**+ TIP**
+ 묵은지가 너무 시어서 군내가 나면 찬물에 담가 냄새를 어느 정도 뺀 뒤 물기를 꼭 짜서 조리한다.
+ 김치가 들어가는 요리에 액젓으로 간을 하면 훨씬 감칠맛이 난다.

닭은 5cm 크기로 자른 뒤 양념이 잘 배도록 닭다리에 칼집을 넣는다.

손질한 닭을 찬물에 담가 핏물을 뺀다.

닭고기를 키친타월 위에 올려 물기를 제거한다.

김치를 넣고 같이 볶는다.

고춧가루와 물을 넣고 중불에서 끓인다.

대파를 어슷하게 썬다.

묵은 김치를 준비한다.

김치는 소를 털어낸다.

냄비에 닭고기를 앞뒤로 노릇하게 볶는다.

청양고추, 홍고추도 어슷하게 썬다.

국물이 자작해지면 소금, 후추로 간한 뒤 대파와
고추를 넣어서 한 번 더 끓인다.

# 궁중닭찜

**재료**
닭가슴살 2조각
표고버섯 10개
목이버섯 2개
홍고추 1개
밀가루 2큰술
국간장 2큰술
달걀 1개
다시마(사방 5cm) 4장
대파 ¼대
굵은소금 약간

**닭고기 밑간**
소금 ⅓작은술
다진 마늘 ½큰술
후추 약간
참기름 1작은술

01 닭가슴살은 찬물에 담갔다가 물기를 제거한다.

02 01의 닭가슴살은 끓는 물에 데친다.

03 냄비에 물, 다시마, 대파를 넣어서 끓으면 데친 닭가슴살을 넣고 30분간 삶는다.

04 삶은 닭가슴살을 큼직하게 찢어서 밑간하고, 국물은 체에 밭친다.

05 표고버섯은 밑동을 제거한 다음 채 썬다.

06 목이버섯은 찬물에 불린 다음 밑동을 제거하고 채 썬다.

07 홍고추는 씨를 제거한 다음 채 썬다.

08 국물에 닭, 버섯, 간장, 소금, 후추를 넣어서 간한다.

09 08에 밀가루와 물을 섞어서 넣고 농도를 맞춘다.

10 달걀은 잘 섞어서 09의 재료에 줄알을 쳐서 넣고 불을 끈 다음 참기름을 넣는다.

**+TIP**

+ 좀 더 매콤한 맛을 원할 때는 건고추를 넣거나 청양고추를 사용해도 된다.

+ 고추 씨가 달려 있는 '태좌'라는 부분에 캡사이신 성분이 포함되어 있어 이 부분을 어떻게 처리하느냐에 따라 매운 맛을 조절할 수 있다.

+ 달걀 줄알을 칠 때 너무 오래 끓이면 달걀이 딱딱해진다.

+ 표고버섯, 목이버섯 외에도 죽순, 배추, 새송이버섯, 느타리버섯 등을 넣을 수도 있다.

닭가슴살은 찬물에 담가 핏물을 뺀 뒤 끓는 물에 데친다.

냄비에 물, 다시마, 대파, 마늘을 넣어 끓이다가 데친 닭가슴살을 넣어 30분간 삶는다.

닭고기를 건져내 손으로 먹기 좋게 찢고, 국물은 체에 밭친다.

얇게 채를 썬다.

표고버섯은 밑동을 제거한 뒤 채 썬다.

5의 국물에 닭고기, 버섯을 넣어 끓이다가 간장, 소금, 후추를 넣어서 간한다.

닭고기를 밑간한다.

목이버섯은 찬물에 불린다.

불린 목이버섯은 밑동을 제거한다.

밀가루와 물을 섞는다.

9에 넣어 농도를 맞춘다.

달걀을 풀어 넣고 불을 끈 다음 참기름을 넣는다.

# 개성무찜

**재료**
닭 1/2마리(9호, 450g)
무 1/3개
밤 5일
마른 표고버섯 5개
다시마(사방 5cm짜리) 5개
실고추 약간
참기름 1작은술
통후추 1작은술
물 1+1/2컵

**찜 양념**
간장 5큰술
조청 4큰술
다진 파 1큰술
다진 마늘 1/2큰술
설탕 1큰술

01  토막 낸 닭은 깨끗하게 씻고 두꺼운 것은 칼집을 넣어서 준비한다.

02  01의 닭고기를 찬물에 10분간 담갔다가 물기를 제거한다.

03  손질한 닭고기를 끓는 물에 데쳐서 찬물에 헹군다.

04  표고버섯은 뜨거운 물에 불려서 꼭지를 제거하고 4등분한다.

05  무는 5cm로 도톰하게 썰어서 모서리를 도려낸 다음 끓는 물에 데친다.

06  찜 양념을 만든다.

07  냄비에 찜 양념의 반을 넣고 무, 닭, 물, 다시마, 통후추를 넣어서 끓인다.

08  국물이 1/3 정도로 줄면 밤과 나머지 양념을 넣고 중불에서 은근하게 더 끓인다.

09  국물이 거의 없어지면 표고버섯을 넣고 한소끔 끓인 다음 불을 끄고 참기름을 넣는다.

10  완성된 요리를 그릇에 담고 실고추를 얹어서 낸다.

**+TIP**

+ 중불에서 오랫동안 끓일수록 무의 구수한 단맛이 우러난다.

+ 양념을 넣고 끓일 때 국자로 국물을 끼얹으며 익혀야 고기에 윤기가 돌고 요리를 완성했을 때
   더 먹음직스럽다.

닭은 5cm 크기로 자른 뒤 양념이 잘 배도록 닭다리에 칼집을 넣는다.

손질한 닭을 찬물에 담가 핏물을 뺀다.

닭고기를 키친타월 위에 올려 물기를 제거한다.

무의 모서리를 둥글게 다듬는다.

무를 다듬는 사이 물을 끓인다.

손질한 무를 끓는 물에 데친다.

표고버섯을 물에 불린다.

불린 표고버섯의 물기를 제거한 뒤 4등분 한다.

무는 도톰하게 썬다.

냄비에 물을 붓고 닭고기를 넣어 끓인다.

9에 무와 간장, 조청, 후추, 다시마를 넣고 중불에서 더 끓인다.

국물이 거의 졸아들면 표고버섯을 넣어 한소끔 끓인 뒤 참기름을 넣는다.

# 닭고기 **가지무침**

**재료**
닭가슴살 1개
가지 1개
간장 1큰술
다진 마늘 1작은술
영양부추 30g
홍고추 1개
깨소금 ½큰술
참기름 1작은술
소금 약간

**닭가슴살 마리네이드**
소금 ¼작은술
후추 약간
포도씨유 1큰술
맛술 1큰술

**01** 닭가슴살은 깨끗하게 씻은 다음 물기를 제거한다.

**02** 01의 닭가슴살은 3등분으로 포를 뜬 다음 채를 썰어서 준비한다.

**03** 02의 닭가슴살은 마리네이드를 한다.

**04** 가지는 2×4cm로 도톰하게 썰어서 소금을 뿌려 둔다.

**05** 영양부추는 3cm로 썰고, 홍고추는 채를 썰어서 준비한다.

**06** 02의 마리네이드 한 닭고기를 구운 다음 가지도 굽는다.

**07** 닭가슴살과 가지, 마늘 넣어서 같이 무친다.

**08** 06의 재료와 영양부추, 홍고추, 간장, 깨소금, 참기름을 넣어서 무친다.

**+TIP**

+ 영양부추는 생으로 넣어도 되고, 프라이팬에 기름 없이 살짝 볶아서 넣으면 향이 훨씬 살아난다.

+ 마리네이드(Marinade)는 조리 전에 고기나 생선을 부드럽게 하기 위해 재워 두는 것 또는
  향미를 내는 액체를 말한다. 우리나라의 양념장과도 비슷한 개념이나
  마리네이드는 술이나 오일+산(식초, 과즙)+향신료 등을 배합하여 사용한다는 차이점이 있다.

닭가슴살은 3등분으로 포를 뜬다.

1의 닭가슴살을 다시 채 썬다.

마리네이드를 한다.

홍고추의 씨를 제거한다.

얇게 채를 썬다.

팬에 밑간해 둔 닭고기를 굽는다.

가지는 2×4cm로 도톰하게 썬 뒤 소금을 뿌려 둔다.

영양부추는 3cm로 썬다.

홍고추는 길이대로 반을 자른다.

가지도 굽는다.

볼에 구운 닭고기와 가지, 다진 마늘, 간장, 참기름을 넣는다.

양념이 잘 배어들도록 골고루 무친다.

# 닭고기|**토마토샐러드**

**재료**
닭가슴살 2조각
방울토마토 12개
양상추 ¼통
올리브오일 2큰술
양파 ⅓개
파슬리 약간
후추 ¼작은술
소금 약간

**01** 닭가슴살은 씻어서 물기를 제거한 다음 포를 떠서 소금, 후추,
올리브오일에 재워 둔다.

**02** 양파는 잘게 다진 다음 소금 물에 담겼다가 물기를 제거한다.

**03** 양상추는 찬물에 담갔다가 물기를 제거한다.

**04** 방울토마토는 씻어서 물기를 제거한 다음 꼭지를 떼어내고 반으로
잘라 준비한다.

**05** 달군 팬에 밑간한 닭가슴살을 넣어서 노릇하게 구운 다음 먹기 좋게 썰어 둔다.

**06** 파슬리를 다진 뒤 볼에 넣고 방울토마토, 닭가슴살, 양파와 올리브오일,
소금, 후추를 넣어 함께 버무린다.

**07** 접시에 양상추를 깔고 그 위에 버무린 재료를 올린다.

**+TIP**

+ 방울토마토 대신 토마토를 먹기 좋은 크기로 잘라 써도 무방하다.
+ 토마토와 잘 어울리는 모차렐라치즈나 리코타치즈를 곁들여도 좋다.

닭가슴살은 밑간해 재워 둔다.

양파는 반으로 자른 뒤 잘게 칼집을 넣는다.

2의 양파를 잘게 다진다.

방울토마토는 깨끗이 씻은 뒤 물기를 제거하고 반으로 자른다.

밑간을 한 닭가슴살을 팬에 올린다.

앞뒤로 노릇하게 굽는다.

양파를 소금물에 담갔다가 물기를 제거한다.

파슬리는 잘게 다진다.

양상추는 찬물에 담갔다가 물기를 제거한 뒤 손으로 먹기 좋게 찢어서 준비한다.

구운 닭가슴살을 먹기 좋은 크기로 썬다.

볼에 모든 재료를 넣는다.

고루 버무린다.

닭고기캐슈넛볶음

닭튀김조림

닭다리살은 사방 1.5cm로 썰어 둔다.

브로콜리는 닭다리살과 같은 크기로 썰어 끓는 물에 데친 뒤 찬물에 헹궈 물기를 제거한다.

마늘은 편으로 썬다.

대파는 1cm로 썬다.

팬에 기름을 두른 뒤 마늘과 대파를 볶다가 닭다리살과 굴소스를 넣고 같이 볶는다.

고기가 어느 정도 익으면 캐슈넛을 넣고 더 볶은 뒤 불을 끄고 참기름을 넣는다.

# 닭고기 캐슈넛볶음

**재료**

닭다리살 200g
브로콜리 1/4개
캐슈넛 1/2컵
굴소스 2작은술
마늘 2톨
식용유 1큰술
마른 청양고추 1개
후추 약간
소금 약간
대파 1/4개
참기름 1큰술

01 닭다리살은 씻어서 껍질을 벗긴 다음 사방 1.5cm로 썬다.

02 브로콜리도 닭다리살과 같은 크기로 썬다.

03 손질한 브로콜리를 끓는 물에 데친 다음 찬물에 담가 물기를 제거한다.

04 마늘은 편으로 썰고, 대파는 1cm로 썬다. 마른 청양고추도 1cm로 썰어둔다.

05 기름을 두르지 않은 팬에 캐슈넛을 볶아서 준비한다.

06 팬에 기름을 두른 다음 마늘과 대파를 볶다가 닭다리살도 같이 볶는다.

07 06에 굴소스를 넣고 볶다가 브로콜리와 대파를 넣어서 더 볶는다.

08 닭고기가 익었으면 캐슈넛, 마른 청양고추를 넣고 볶은 뒤 불을 끄고
   참기름과 후추를 넣는다.

**+TIP**

+ 과정 03에서처럼 캐슈넛을 양념에 볶기 전에 마른 팬에 미리 한 번 볶으면 고소한 맛이 진해지고
  소독 효과도 있다.

+ 기호에 따라 소금으로 간을 한다.

닭다리살은 찬물에 담가 핏물을 제거한 뒤 사방 4cm로 썬다.

손질한 닭다리살을 밑간한 뒤 녹말가루를 묻힌다.

밑간한 닭다리살을 10분간 재운다.

양파와 홍고추, 마른청양고추는 곱게 채 썬 뒤 찬 물에 담갔다가 물기를 제거해 준비한다.

3의 닭다리살을 기름에 튀긴다.

냄비에 조림 양념을 넣고 끓이다가 튀긴 닭다리살 을 넣어 국물이 자작해지도록 조린다.

# 닭**튀김조림**

**재료**
닭다리살 3조각
녹말가루 4큰술
대파 1/4대
양파 1/4개
홍고추 1/2개
청양고추 1/2개
식용유 적당량

**밑간**
소금 1/3작은술
맛술 1큰술
후추 약간
참기름 1작은술

**조림 양념**
간장 2큰술
맛술 1큰술
식초 1큰술
올리고당 3큰술

**01** 닭다리살은 찬물에 10분간 담갔다가 체에 밭쳐서 키친타월에 올려
물기를 제거한다.

**02** 01의 닭다리살은 사방 3cm로 먹기 좋게 썰어 둔다.

**03** 손질한 닭다리살을 밑간해 10분간 재운다.

**04** 대파와 양파, 홍고추와 마른 청양고추는 곱게 채 썰어서 찬물에 담갔다가
물기를 제거한다.

**05** 밑간한 닭다리살에 녹말가루를 묻혀서 180℃ 기름에서 바삭하게 튀겨 둔다.

**06** 조림 양념을 만든다.

**07** 조림 양념을 냄비에 넣고 걸쭉하게 끓으면 튀긴 닭다리살을 버무려 그릇에 담는다.

**+TIP**

+ 튀긴 닭고기를 따뜻할 때 양념에 버무리면 부드러워지고, 식힌 뒤 버무리면 좀 더 쫄깃하고 바삭한 맛을
살릴 수 있으므로 취향에 따라 선택하도록 한다.
+ 땅콩이나 호두 같은 견과류를 잘게 다져서 뿌리면 고소한 맛까지 더할 수 있다.

# 찜닭

**재료**
닭 1마리(9호, 900g)
감자 2개
당근 $^1/_2$개
양파 $^1/_2$개
오이 $^1/_4$개
시금치 $^1/_4$단
마른 표고버섯 5개
당면 50g
마른 청양고추 5개
대파 $^1/_2$대
참기름 $^1/_2$큰술

**찜 양념**
간장 6큰술
설탕 3큰술
올리고당 4큰술
맛술 1큰술
후추 약간
물 3컵

01 토막 낸 닭은 깨끗하게 씻고, 두꺼운 것은 칼집을 넣어서 준비한다.

02 닭고기를 찬물에 10분간 담갔다가 물기를 제거한다.

03 02의 닭고기를 끓는 물에 데친 다음 헹궈서 준비한다.

04 감자는 반달 모양으로 자른 다음 찬물에 담근다.

05 양파는 굵게 채 썰고, 당근과 오이, 대파도 어슷하게 썰어 둔다.

06 시금치는 다듬어서 씻은 다음 5cm 길이로 썬다.

07 마른 표고버섯을 뜨거운 물에 불려 은행잎 모양으로 썬다.

08 당면은 물에 헹궈 부드러워지게 30분간 불린다.

09 적정 분량의 찜 양념을 만든다.

10 냄비에 마른 청양고추를 썰어 넣고 물이 끓으면 닭고기를 넣고 끓인다.

11 10에 찜 양념을 넣고 국물이 $^2/_3$ 정도 졸아들면 감자를 넣고 더 끓인다.

12 닭고기가 거의 다 익고 국물이 자작해지면 당근, 양파, 버섯, 당면, 오이, 시금치, 대파를 넣고 한소끔 끓인다.

13 재료가 서로 잘 어우러지면 불을 끄고 참기름을 넣는다.

**+TIP**

+ 처음에는 센 불에서 끓이다가 국물이 절반 정도 줄어들면 불을 낮추고 약한 불에서 은근히 익힌다. 또한, 중간중간에 고기에 국물을 끼얹으면서 간이 고루 배게 한다.

+ 취향에 따라 양념에 넣는 설탕의 양을 조절한다. 설탕의 비율을 높이면 윤기가 나지만, 단맛이 강해질 수 있으니 주의한다.

닭은 5cm 크기로 자르고, 닭다리에 칼집을 낸 뒤
끓는 물에 데친다.

양파는 굵게 채 썬다.

오이를 어슷하게 썬다.

당면은 물에 30분간 불린다.

찜 양념을 만든다.

냄비에 물과 닭고기를 넣고 끓이다가 마른 청양
고추와 찜 양념을 넣는다.

당근도 어슷하게 썬다.

감자는 1.5cm 두께로 썰어 물에 담가 둔다.

시금치는 5cm로 썬다.

닭이 반 정도 익으면 감자를 넣는다.

양파, 당근, 표고버섯, 당면을 넣어 끓인다.

시금치, 오이, 굵은 파를 넣어 섞은 뒤 불을 끄고
참기름을 넣는다.

# 마늘닭**모래집볶음**

**재료**

닭모래집 400g
마늘 10개
양파 1/3개
청양고추 2개
맛술 1큰술
식용유 1큰술
소금 1작은술
참기름 1큰술
후추 약간
깨소금 1큰술
밀가루 2큰술
천일염 2큰술

01  닭모래집은 밀가루, 천일염을 넣어서 바락바락 주물러 씻는다.

02  01의 닭 모래집을 찬물로 여러 번 헹군 다음 물기를 제거한다.

03  물기를 제거한 닭모래집을 반으로 자른다.

04  마늘은 꼭지를 세서한 나음 씻어서 물기를 제거한다.

05  손질한 닭모래집을 끓는 물에 한 번 데친다.

06  양파는 사방 2cm로 썰고, 청양고추는 송송 썰어서 준비한다.

07  달군 팬에 기름을 두른 다음 손질한 마늘을 볶다가 닭모래집을 넣어서 볶는다.

08  닭모래집에 맛술을 넣고 볶다가 소금, 후추를 넣어서 볶는다.

09  국물이 자작해지면 양파를 투명하게 익을 정도로 볶는다.

10  재료가 모두 다 익고 국물이 없어지면 불을 끄고
    참기름, 깨소금을 넣어서 버무린다.

**+TIP**

+ 닭모래집에 칼끝으로 군데군데 칼집을 내면 좀 더 빨리 익고 훨씬 부드러운 식감을 낼 수 있다.

+ 닭모래집을 미리 물에 삶은 다음 찬물에 헹궈서 조리하면 훨씬 담백한 맛을 낼 수 있다.

닭모래집을 먹기 좋은 크기로 썬다.

볼에 닭모래집, 밀가루, 천일염을 넣는다.

바락바락 주물러 씻는다.

달군 팬에 기름을 두른 뒤 꼭지를 제거한 마늘을 볶는다.

닭모래집을 넣어 함께 볶는다.

소금, 후추로 간한다.

손질한 닭모래집을 끓는 물에 한 번 데친다.

양파는 사방 2cm로 썬다.

청양고추는 송송 썬다.

양파와 청양고추를 넣어 양파가 투명하게 익을 정도로 볶는다.

불을 끄고 참기름을 넣어 버무린다.

깨소금을 뿌려 마무리한다.

# 닭발편육냉채

**재료**
무뼈 닭발 400g
오이 ¹/₂개
양파 ¹/₂개

**편육 재료**
맛술 1큰술
간장 3큰술
설탕 2큰술
물 4컵
생강 1쪽
대파 ¹/₄대
양파 ¹/₄개

**겨자 소스**
발효겨자 1큰술
다진 마늘 1작은술
간장 1작은술
소금 약간
설탕 1+¹/₂큰술
식초 1+¹/₂큰술
참기름 1작은술
물 1큰술
파인애플즙 2큰술

01  닭발은 깨끗하게 씻어서 물기를 제거한다.

02  01의 닭발은 끓는 물에 데친 다음 찬물에 헹군다.

03  냄비에 편육 재료를 넣고 끓으면 닭발을 넣고 1시간 정도
살이 흐물거릴 정도로 끓인다.

04  닭발은 건지고, 국물은 체에 밭친다.

05  건진 닭발은 잘게 썬 뒤 **04**의 국물에 넣어서 조금 더 조린다.

06  조린 닭발은 네모난 통에 넣어서 상온에 식힌 다음 냉장고에 2시간 정도 둔다.

07  닭발이 탱탱하게 굳었으면 먹기 좋게 썬다.

08  오이와 양파는 곱게 채 썬 다음 찬물에 담갔다가 물기를 제거한다.

09  겨자 소스를 만든다.

10  접시에 편육을 돌려 담고 양파와 오이를 얹은 다음 소스를 끼얹어서 낸다.

**+TIP**

+ 매콤한 맛을 더하고 싶다면 소스에 청·홍고추 또는 청양고추를 잘게 다져 조린 닭발 국물을 굳힐 때
함께 넣어도 좋다.
+ 닭발 냄새를 좀 덜 나게 하려면 생강, 마른 청양고추, 정추, 맛술 능늘 넣으면 된다.

닭발은 깨끗이 씻은 뒤 물기를 제거한다.

손질한 닭발을 끓는 물에 한 번 데친다.

냄비에 편육 재료를 넣고 끓인다.

닭발과 국물을 트레이에 넣어서 상온에서 식힌다.

오이와 양파는 곱게 채 썬 다음 찬물에 담갔다가 물기를 제거해 준비한다.

7을 냉장고에 넣어 2시간 정도 굳힌다.

3에 닭발을 넣는다.

살이 흐물거릴 정도로 1시간가량 끓인다.

닭발은 건져서 잘게 썰고, 국물은 체에 밭쳐 둔다.

닭발 편육이 탱탱하게 굳었는지 확인한다.

편육을 먹기 좋게 썰어 담는다.

겨자 소스를 만든다.

05

HEALTH FOOD
기력이
솟아나는

보양 요리

# 닭죽

**재료**
닭살 $1/4$마리
불린 찹쌀 1컵
당근 $1/5$개
감자(중간 크기)1개
쪽파 4줄기
소금 약간
후추 약간

**육수**
닭뼈 $1/4$마리분
대파 $1/4$대
양파 $1/2$개
마늘 5톨
물 14컵(2.8ℓ)

**01** 닭은 기름을 제거한 다음 깨끗하게 씻어서 준비한다.

**02** 냄비에 닭 육수 재료를 넣어서 끓으면 **01**의 닭을 넣는다.

**03** 육수가 끓으면 물을 중약불에 놓고 닭의 속까지 익도록 끓인다.
국물의 양은 10컵(2ℓ)정도가 되도록 30분간 끓인다.

**04** 닭이 푹 익었으면 꺼내서 닭살을 발라내고, 남은 국물을 면포에 걸러서
국물만 따로 준비한다.

**05** 감자는 껍질을 벗긴 다음 잘게 사방 2cm 크기로 얇게 썰고, 당근, 쪽파는
잘게 다져서 준비한다.

**06** 국물에 불린 찹쌀, 감자를 넣어서 쌀알이 푹 퍼지도록 끓인다.
여기에 당근을 넣어서 같이 끓인다.

**07** 쌀알이 손으로 으깨질 정도로 끓여지고 국물과 쌀알이 서로
엉겨 붙을 정도가 되면 불을 끄고 쪽파를 넣는다.

**08** 죽을 그릇에 담고 소금과 후추를 곁들여서 먹는다.

**+TIP**

+ 닭은 너무 센 불에서 끓이면 속까지 익기보다 국물이 많이 줄어서 나중에 죽을 끓일 때
물을 더 넣어야 하기 때문에 불 조절이 가장 중요하다.

닭은 기름을 제거한 다음 깨끗하게 씻는다.

냄비에 닭 육수 재료를 넣어 끓이다가 닭을 넣고 속까지 푹 익힌다.

닭고기를 건져 살을 발라낸다.

당근을 잘게 다진다.

느타리버섯을 손질해 잘게 다진다.

냄비에 물에 불린 찹쌀, 당근을 넣는다.

국물은 체에 밭쳐 따로 준비한다.

찹쌀을 물에 불린다.

감자는 껍질을 벗긴 다음 잘게 다진다.

감자도 마저 넣는다.

느타리버섯을 넣어 쌀알이 푹 퍼지도록 끓인다.

국물과 쌀알이 서로 엉겨 붙을 정도가 되면 닭고기를 올린다.

들깨닭곰탕

닭곰탕

토막 낸 닭을 찬물에 담갔다가 끓는 물에 데친다.

냄비에 1의 닭과 육수 재료를 넣어 끓인다.

감자와 대파를 손질해서 준비해 둔다.

칼국수를 삶아 헹군 뒤 건져 둔다.

육수에 닭을 넣고 끓이다가 감자를 넣는다.

감자가 익으면 칼국수를 넣은 뒤 소금, 후추로 간
하고 대파를 얹어 완성한다.

# 닭곰탕

**재료**

닭 1마리(9호, 900g)
감자 2개
칼국수 70g
대파 ½대
소금 약간
후추 약간

**육수**

무 100g
통마늘 3개
양파 ¼개
생강 ½쪽
대파 ⅕대
물 12컵(2.4ℓ)

01  토막 낸 닭은 찬물에 20분간 담갔다가 끓는 물에 데친다.

02  냄비에 무와 통마늘, 양파, 생강, 대파 등 육수 재료를 넣고 끓으면 **01**의 닭을 넣는다.

03  **02**의 냄비에서 거품과 지방을 제거하며 30분간 끓인다.

04  감자는 껍질을 벗긴 다음 1cm로 도톰하게 썰어서 찬물에 담가 두고,
     대파는 송송 썬다.

05  냄비에 물을 넉넉히 넣고 칼국수를 삶아서 헹군 다음 건져 둔다.

06  **03**의 닭이 익었으면 감자를 넣고 끓인다.

07  감자가 다 익었으면 **05**의 삶은 칼국수와 소금, 후추를 넣어서 간을 맞춘 다음
     대파를 얹어서 그릇에 담는다.

**+TIP**

+ 칼국수를 넣고 삶을 때 물이 끓어오르면 찬물 ½컵을 2회에 걸쳐 나누어 붓고 한 번 더 끓이면
   면발이 고르게 익는다.

핏물을 빼고 손질한 닭고기를 끓는 물에 데친다.

냄비에 육수 재료를 넣어 끓인다.

육수를 체에 밭쳐 국물만 따로 준비한다.

대파를 손질해서 준비해 두고 감자는 썰어서 찬 물에 담가 둔다.

들깨는 깨끗이 씻은 뒤 닭육수와 함께 믹서에 곱게 간다.

곱게 간 들깨를 체에 걸러 육수에 넣고 감자, 수제 비, 버섯, 대파를 넣고 익혀 완성한다.

들깨향 가득한 영양 별미

# 들깨닭곰탕



**재료**

닭 1마리(9호, 900g)

감자 2개

느타리버섯 12줄기

대파 ¹/₂대

소금 약간

생들깨 1컵

**수제비 반죽**

밀가루 2컵

소금 ¹/₄작은술

물 ²/₃컵

**육수**

무 100g

통마늘 3쪽

생강 ¹/₂쪽

대파 ¹/₅대

물 12컵(2.4ℓ)

**01** 토막 낸 닭은 찬물에 20분간 담갔다가 끓는 물에 데친다.

**02** 냄비에 무와 통마늘, 양파, 생강, 대파등 육수 재료를 넣고 끓으면 **01**의 닭을 넣는다.

**03** **02**의 냄비에서 닭의 거품과 지방을 제거하며 30분간 끓인다.

**04** 감자는 껍질을 벗긴 다음 1cm로 도톰하게 썰어서 찬물에 담가 두고, 대파는 송송 썬다.

**05** 수제비는 반죽 재료를 넣어서 잘 치대서 준비한다. 느타리버섯도 먹기 좋게 찢어 둔다.

**06** **03**의 국물에서 육수 재료를 건진 다음 국물 3컵을 따라서 식힌 후, 모래를 제거해서 씻은 들깨를 넣어서 곱게 간다.

**07** **03**의 국물에 감자를 넣고 끓이다가 수제비를 뜯어 넣고 버섯, 대파를 넣고 익힌다.

**08** **06**의 국물을 체에 걸러서 **07**의 재료에 넣어서 끓으면 불을 끈 다음 그릇에 담고 소금과 같이 낸다.

**+TIP**

+ 생들깨는 요리할 때마다 즉석에서 갈아 사용하는 것이 좋다. 갈아둔 들깨가 남을 경우 밀폐용기에 담아 냉동실에 보관한다.

# 삼계탕

**재료**

닭 4마리(영계)
인삼 4뿌리
대추 12개
불린 찹쌀 1컵
통마늘 12톨
달걀 2개
대파 2대
소금 적당량
홍고추 적당량

**육수**

다시마(5×5cm) 3장
통마늘 5톨
대파 ¼대
물 16컵(3.2ℓ)

01  닭은 잔털과 기름을 제거한 다음 찬물에 20분간 담가 둔다.

02  01의 닭 속에 불린 찹쌀, 대추, 통마늘을 넣어서 다리를 묶거나 겹쳐서
속의 내용물이 나오지 않도록 한다.

03  인삼은 칼로 막을 살살 긁어가면서 깨끗하게 씻은 다음 뇌두를 제거해서 준비한다.

04  냄비에 대파, 마늘 5톨, 다시마, 물을 넣어서 거품이 나면 다시마를 건진 다음 더 끓인다.

05  달걀을 황, 백으로 분리해 지단을 부친 다음 곱게 채 썰어서 준비해 둔다.

06  04의 국물에 손질한 닭을 넣어서 끓으면 거품을 제거하고 중약불에서 속의 찹쌀이
잘 익도록 40분 정도 끓인다.

07  인삼을 넣어서 한소끔 끓인 다음 닭을 그릇에 담고 그 위에 송송 썬 대파와
지단, 홍고추를 얹어서 소금과 곁들여 낸다.

**+ TIP**

+ 육수를 낼 때는 닭이 충분히 잠길 정도로 물을 넉넉히 붓는다.

+ 닭은 배 안쪽을 깨끗이 씻어야 끓였을 때 국물이 맑고 개운하며, 찹쌀과 부재료들이 익었을 때 찌꺼기들이
엉겨 붙지 않는다.

냄비에 대파, 마늘, 다시마, 물을 넣어 끓이다가 거품이 나면 다시마를 건져 내고 더 끓인다.

닭은 잔털과 기름을 제거한다.

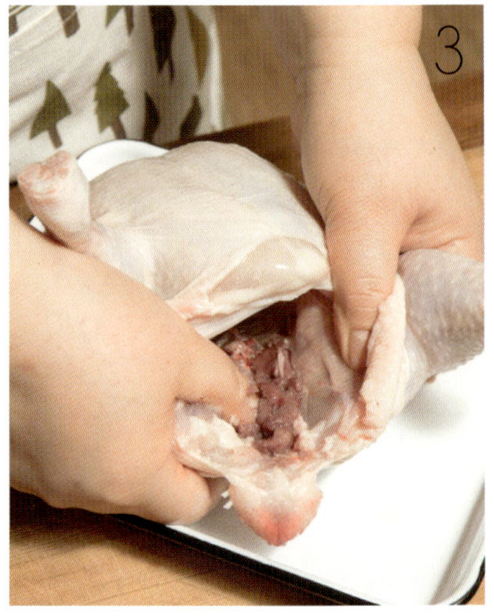

닭 속의 피를 손가락으로 밀어 빼낸다.

닭에 대추를 넣는다.

불린 찹쌀을 넣는다.

마지막으로 통마늘을 넣는다.

닭을 깨끗이 씻는다.

손질한 닭을 끓는 물에 데친다.

인삼은 뇌두를 제거한 뒤 껍질을 깨끗하게 다듬
는다.

닭다리를 겹쳐서 속의 내용물이 나오지 않도록
한다.

1의 육수에 닭을 넣어 속의 잡쌀이 잘 익도록 숭약
불에서 40분 정도 끓인다.

날샬은 윈사와 노튼사를 분리해 시난을 부진 뒤
곱게 채 썰어 준비한다.

녹두삼계탕

다슬기삼계탕

# 녹두삼계탕

**재료**
닭 4마리(영계)
불린 녹두 1컵
대추 12개
통마늘 12톨
소금 약간
쪽파 16줄기
실고추 조금

**육수**
황기 1뿌리
당귀 2g
물 14컵(2.8ℓ)

**01** 녹두는 1시간 정도 물에 불린 다음 손으로 저어서 물에 여러 번 헹군 뒤 껍질을 제거한다.

**02** 닭은 잔털과 기름을 제거한 다음 찬물에 20분간 담가 둔다.

**03** 녹두, 대추, 통마늘를 넣어서 다리를 묶거나 발을 엇갈리게 해서
속이 빠지지 않도록 한다.

**04** **03**의 닭을 끓는 물에 살짝 데친 다음 접시에 담아 둔다.

**05** 냄비에 분량의 물과 황기, 당귀를 넣어서 끓으면 닭을 넣고 거품과 기름을 제거하면서
30분 정도 삶는다.

**06** 삶은 닭을 그릇에 담고 그 위에 송송 썬 쪽파와 실고추를 얹은 다음 소금과 곁들여 낸다.

**+TIP**

+ 녹두는 서늘한 성질이라 닭의 따뜻한 성질을 누그러뜨릴 수 있어 몸에 열이 많은 사람에게 적합한 삼계탕이다.

# 다슬기삼계탕

**재료**
닭 4마리(영계)
인삼 4뿌리
대추 12개
불린 찹쌀 1컵
통마늘 12톨
대파 1대
소금 약간
다슬기 8큰술

**육수**
다시마(5×5cm) 3장
통마늘 4톨
대파 ¼대
물 16컵(3.2ℓ)

01  닭은 잔털과 기름을 제거한 다음 찬물에 20분간 담가 둔다.

02  01의 닭 속에 불린 찹쌀, 대추, 통마늘을 넣어서 다리를 묶거나 겹쳐서
    속의 내용물이 나오지 않도록 한나.

03  인삼은 칼로 막을 살살 긁어가면서 깨끗하게 씻은 다음 뇌두를 제거해서 준비한다.

04  냄비에 국물 재료인 대파, 마늘, 다시마, 물 넣어서 거품 나면 다시마 건진 다음 더 끓인다.

05  달걀을 황, 백으로 분리해 지단을 부친 다음 곱게 채 썰어서 준비해 둔다.

06  04의 국물에 손질한 닭 넣어서 끓으면 거품 제거하고 중약불에서 속의 찹쌀이
    잘 익도록 40분간 끓인다.

07  인삼, 다슬기를 넣어서 한소끔 끓인다.

08  닭을 그릇에 담고 송송 썬 대파를 얹어서 소금과 곁들여 낸다.

**+ TIP**

+ 다슬기는 표면이 깨끗하고 크기가 손가락 한 마디 정도 되는 큼직한 것을 고르는 게 좋다.

# 닭개장

**재료**

닭 1/2마리(11호 이상)

고사리 70g

숙주 200g

부추 1/4단

대파 1대

느타리버섯 10개

달걀 1개

굵은소금 약간

**육수**

당귀 2g

황기 10g

양파 4개

굵은 파 1/3대

마늘 2톨

생강 1/2쪽

통후추 1/4작은술

청주 1큰술

물 16컵(3.2ℓ)

**닭고기·고사리 양념**

고춧가루 3큰술

국간장 1큰술

액젓 2큰술

다진 마늘 1큰술

후춧가루 1/3작은술

01 반으로 자른 닭을 찬물에 담가 핏물을 뺀 후 끓는 물에 데친다.

02 물을 끓여 육수 재료, 데친 닭을 넣고 중불에서 40분간 삶는다.

03 02의 닭을 건져 살만 발라 찢고, 국물은 체에 거른다.

04 고사리는 5cm 길이로 썰고, 숙주는 찬물에 5분 정도 담근다.

05 부추, 대파는 4cm 길이로 썰고, 느타리버섯은 밑동을 잘라내고 먹기 좋게 찢는다.

06 닭고기, 고사리를 양념에 버무려 밑간한다.

07 03의 국물을 냄비에 끓이다가 닭고기, 고사리를 넣는다.

08 국물이 끓으면 숙주, 느타리버섯을 넣고 더 끓이다가 굵은소금으로 간을 맞춘다.

09 08의 국이 다 끓었으면 부추, 대파를 넣고 달걀을 풀어 넣은 후 불을 끈다.

**TIP**

+ 닭개장은 오래 끓일수록 육수의 고소한 국물 맛이 우러나오는 한편, 짧게 끓이면 채소의 식감을 살릴 수 있다.

닭을 반으로 자른 뒤 찬물에 담가 핏물을 뺀 다음
끓는 물에 데친다.

냄비에 물과 육수 재료를 넣어 끓인다.

2의 육수에 손질한 닭을 넣어 중불에서 40분간
삶는다.

발라낸 살코기를 밑간한다.

밑간한 살코기와 고사리를 고루 버무린다.

체에 밭친 육수를 냄비에 올리고 양념한 살코기
와 고사리를 넣는다.

닭고기는 건져 내 살을 발라내고, 국물은 체에 밭쳐 따로 준비한다.

고사리는 5cm 길이로 썬다.

숙주는 찬물에 5분 정도 담가 둔다.

국물이 끓어오르면 느타리버섯과 숙주를 넣은 뒤 굵은소금으로 간한다.

부추를 4cm 길이로 썰어 넣고 함께 끓인다.

달걀을 풀어 넣은 뒤 불을 끈다.

보약이 따로 없는

# **한방**닭백숙

**재료**
닭 1마리(11호, 1.1kg)
대파 1단
부추 $1/3$단
팽이버섯 2봉

**한방 육수**
당귀 2g
황귀 30g
엄나무 30g
오가피 30g
생강 $1/2$쪽
대파 $1/5$대
물 20컵(4ℓ)

**양념장**
간장 4큰술
고춧가루 2큰술
청양고추 4개
후추 약간
다진 마늘 2큰술
쪽파 5줄기

01  닭은 잔털과 기름을 제거하고 찬물에 30분간 담가 둔다.

02  01의 닭을 끓는 물에 데쳐서 준비한다.

03  한방 육수 재료를 넣어서 끓이다가 국물은 체에 거른다.

04  03의 국물에 닭을 넣고 센 불에서 끓이다가 중약불에 속까지 익도록
     45분간 끓인다.

05  대파는 4cm로 썰고, 부추도 대파와 같은 크기로 썬다.

06  팽이버섯은 밑동을 제거한 다음 4cm로 썬다.

07  닭이 다 익었으면 냄비에 담고 국물은 체에 걸러서 닭과 같이 담는다.

08  대파, 부추, 팽이버섯을 넣고 한소끔 끓여서 양념장과 함께 낸다.

**+TIP**

+ 닭은 삶으면 기름이 많이 뜨는데 이것을 모두 걷어내야 잡내가 나지 않는 맑은 국물을 얻을 수 있다.

## 한방닭백숙 만드는 법

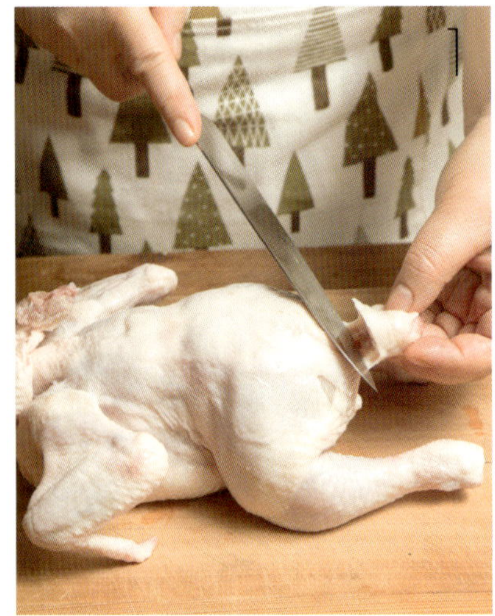

닭은 꽁지를 잘라낸다.

닭의 잔털과 기름을 제거한다.

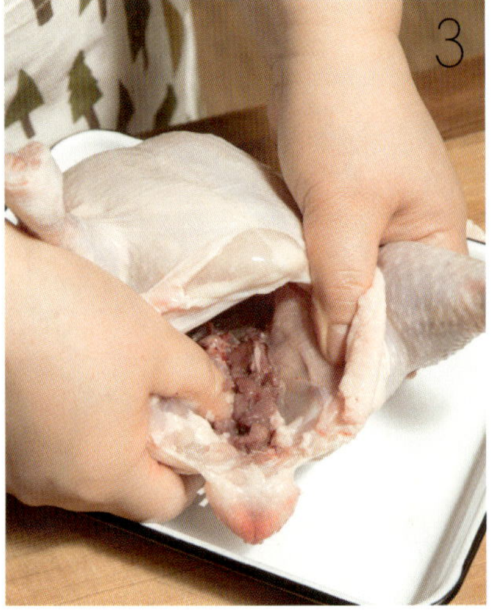

닭 속의 피를 손가락으로 밀어 빼낸다.

6에 닭을 넣어 센 불에서 끓인다.

닭이 어느 정도 익으면 중약불로 줄이고 속까지 익도록 45분간 끓인다.

국물은 체에 걸러서 닭과 같이 담는다.

닭을 찬물에 30분간 담가 핏물을 제거한다.

손질한 닭을 끓는 물에 데친다.

냄비에 물과 한방 육수 재료를 넣어 끓인다.

대파는 어슷하게 썬다.

부추는 3~4cm 길이로 썬다.

양념장을 만들어 닭백숙과 함께 낸다.

# 해신탕

**재료**
닭 4마리(영계)
전복 4마리
낙지 2마리
대하 4마리
불린 찹쌀 1컵
대추 12개
통마늘 12톨
인삼 4뿌리
표고버섯 4개
실파 10줄기
소금 약간
밀가루 1컵

**한방육수**
당귀 2g
황귀 30g
엄나무 30g
오가피 30g
생강 $1/2$쪽
대파 $1/5$대
물 16컵(3.2ℓ)

01 닭은 잔털과 기름을 제거하고 배 속에 찹쌀, 대추, 마늘, 인삼을 넣어서
다리를 실로 묶거나 닭다리를 겹쳐서 막아 준비한다.

02 전복은 수저로 살과 껍질을 분리하고 내장을 제거한 뒤 살에 칼집을 넣어 준비한다.
껍질은 솔로 씻어서 준비해 둔다.

03 낙지는 밀가루를 뿌려 바락바락 씻고 대하는 이쑤시개로 내장을 뺀다.

04 한방 육수 재료를 넣어서 반으로 줄 때까지 끓이다가 국물을 체에 거른다.

05 냄비에 물과 전복 껍질, 표고버섯을 넣어서 끓으면 전복 껍질을 건져 낸다.
닭, 낙지, 대하 등 해물을 넣어 중약불에서 거품을 제거하면서 40분 정도 삶는다.

06 삶은 닭을 그릇에 담고, 송송 썬 실파를 얹어서 소금과 곁들여 낸다.

**+TIP**

+ 전복을 솔로 씻을 때 박박 문질러야 살이 단단해진다.
+ 낙지를 밀가루로 씻으면 육질이 연해지고 짠맛도 빠진다. 또한 불순물도 제거해주어 맛이 깔끔해진다.

닭은 꽁지를 잘라낸 뒤 잔털과 기름을 제거한다.

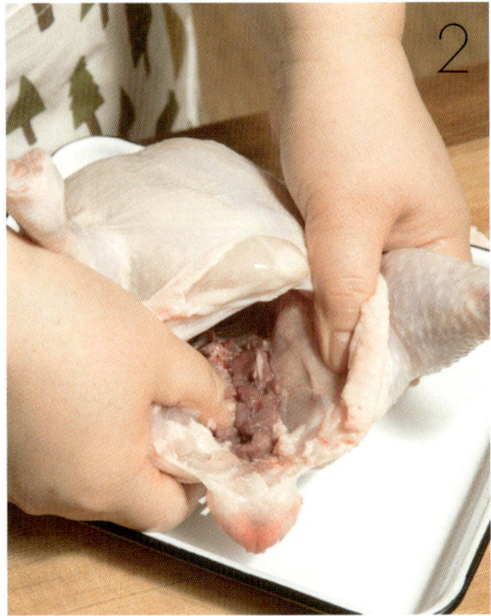

닭 속의 피를 손가락으로 밀어 빼낸다.

닭을 찬물에 30분간 담가 핏물을 제거한다.

낙지는 굵은소금을 뿌려 바락바락 씻는다.

전복은 수저로 살과 껍질을 분리한 뒤 껍질은 솔로 씻어서 준비한다.

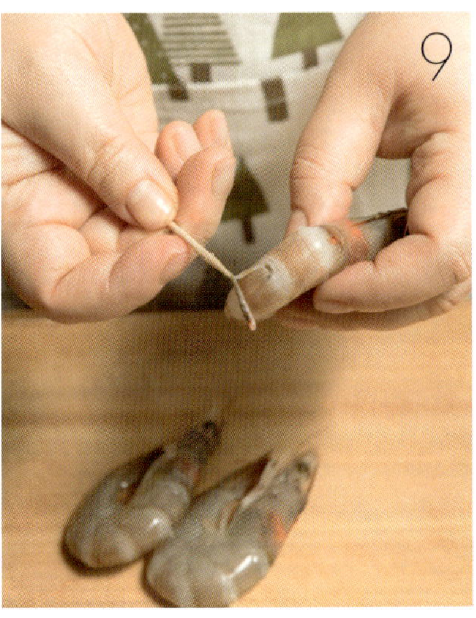

대하는 이쑤시개로 내장을 빼낸다.

인삼은 뇌두를 제거하고 껍질을 다듬는다.

닭 속에 대추, 찹쌀, 마늘, 인삼을 넣는다.

닭다리를 겹쳐서 내용물이 밖으로 나오지 않도록 한 뒤 끓는 물에 데친다.

냄비에 물과 한방 육수 재료를 넣어 국물이 반으로 줄 때까지 끓이다가 국물을 체에 거른다.

전복 껍질, 표고버섯을 넣고 끓어오르면 전복 껍질을 건져 낸 뒤 닭을 넣는다.

낙지 대하 등의 해물을 넣어 40분간 삶는다.

# 임자수탕

**재료**
오이 $^1/_2$개
당근 $^1/_2$개
표고버섯 4개
달걀 2개
석이버섯 1개
잣 1작은술
녹말가루 5큰술

**육수**
대파 $^1/_4$대
통후추 1작은술
맛술 2큰술
물 12컵(2.4ℓ)

**완자**
닭 살코기 $^1/_2$마리
(11호 이상)
두부 $^1/_5$모
다신 마늘 $^1/_3$작은술
다진 파 $^1/_2$작은술
달걀흰자 $^1/_2$개
소금·후추·참기름 약간

**깻국**
육수 6컵
참깨 1컵
소금 약간
얼음

01 닭은 살을 바른 다음 찬물에 담갔다가 끓는 물에 데친다.
물 12컵에 대파, 통후추, 맛술을 넣고 육수를 끓인다.

02 01의 물이 끓으면 닭뼈를 넣고 물의 양이 6컵이 되도록 끓여서 체에 거른 다음
차게 식힌다.

03 오이는 씨를 제거하고 1×4cm로 녹색 껍질이 보이도록 썰고,
당근도 오이와 같은 크기로 썬다.

04 표고버섯은 끓는 물에 넣어서 부드럽게 불린 다음 1cm 폭으로 썬다.
달걀은 황백으로 지단을 부친 다음 마름모 모양으로 썬다.

05 석이버섯은 뜨거운 물에 불린 다음 비벼서 곱게 채 썬다.
잣은 마른 천으로 닦아서 준비한다.

06 01의 살코기를 곱게 다진 다음 분량의 양념으로 간하고, 2cm로 둥글게 완자를 빚어서
녹말가루에 굴린 다음 뜨거운 물에 소금을 넣어서 삶는다.

07 채소들은 녹말가루에 굴려 뜨거운 물에 소금을 넣고 데친 뒤 얼음물에 담가
차게 한 다음 물기를 제거한다.

08 02의 육수와 참깨를 같이 넣어서 곱게 갈아 체에 거른다. 소금으로 간한 뒤 차게 식힌다.

09 준비한 재료를 그릇에 담은 다음 깻국을 부어서 낸다.

**+TIP**

+ 채소를 데칠 때는 끓는 물의 양을 충분히 잡고 소금을 넣어서 데친 뒤 빨리 찬물에 헹궈야
색감이 선명하고 곱다.

냄비에 12컵의 물과 닭뼈를 넣고 물의 양이 6컵이
되도록 끓인 뒤 체에 거른다.

오이는 씨를 제거하고 1×4cm로 썬다.

당근도 오이와 같은 크기로 썬다.

볼에 곱게 다진 닭살, 으깬 두부, 완자 밑간 재료를
넣는다.

반죽을 치댄다.

반죽을 둥글게 완자로 빚은 다음 녹말가루에 굴
린다.

표고버섯은 끓는 물에 넣어 부드럽게 불린 뒤 1cm 폭으로 썬다.

석이버섯은 뜨거운 물에 불린 다음 비벼서 곱게 채 썬다.

손질한 채소는 각각 녹말가루를 묻혀 끓는 물에 데친 뒤 얼음물에 식힌다.

뜨거운 물에 소금을 넣은 뒤 완자를 넣어 삶는다.

1의 육수와 참깨를 믹서에 넣고 곱게 간 뒤 체에 거른다.

11의 깻국을 소금으로 간한 뒤 차게 식힌다.

상큼한 유자 드레싱으로 맛을 낸

# 닭수삼냉채

**재료**
닭가슴살 1조각
수삼 2뿌리
오이 1/2개
당근 1/5개
대추 8알
어린잎채소 1컵
식초 1/2큰술
얼음물 3컵

**밑간**
소금 1/4작은술
참기름 1작은술

**육수**
통마늘 3톨
생강 1/2톨
대파 1/5대
물 4컵

**요거트·유자청 드레싱**
유자청 2큰술
요거트 100g
소금 1/2작은술

01 닭가슴살은 물에 담갔다가 끓는 물에 데친 다음 육수 재료를 끓인 물에
30분간 삶는다.

02 01의 삶은 닭가슴살을 먹기 좋게 찢어서 소금, 참기름을 넣어서 밑간한다

03 수삼은 깨끗하게 닦은 다음 뇌두를 제거하고 5cm 길이로 곱게 채 썰어서 준비한다.

04 오이, 당근도 수삼과 같은 크기로 채 썰고, 대추는 돌려 깎아서 곱게 채 썬다.

05 믹싱볼에 얼음과 물, 식초를 넣은 다음 수삼, 오이, 당근, 어린잎채소 순으로
담갔다가 물기를 제거한다.

06 접시에 재료를 돌려 담고, 요거트·유자청 드레싱을 끼얹어서 낸다.

**+TIP**

+ 찬물에 담가 물기를 제거한 채소를 냉장고에 잠깐 넣어 두었다가 꺼내면 훨씬 더 아삭한 식감을 살릴 수 있다.

닭가슴살을 삶는다.

닭가슴살을 식힌 뒤 손으로 먹기 좋게 찢는다.

손질한 닭가슴살을 밑간한다.

오이를 곱게 채 썬다.

대추는 돌려깎기 한다.

대추를 곱게 채 썬다.

수삼은 깨끗하게 씻은 다음 뇌두를 제거한다.

손질한 수삼을 5cm 길이로 곱게 채 썬다.

오이도 수삼과 같은 길이로 자른다.

얼음물이 담긴 볼을 준비해 식초를 살짝 넣은 다음 수삼, 오이, 당근을 담가 둔다.

어린잎채소도 담가 둔다.

요구르트에 유자청을 넣어 드레싱을 만든다.

# 초계탕

**재료**
닭가슴살 2조각
오이 $1/2$개
표고버섯 4개
셀러리 1대
미나리 8줄기
적채 3장
당근 $1/5$개
달걀 1개
식초를 탄 물
(식초 1큰술, 물 1컵)

**육수**
대파 $1/4$대
통후추 $1/2$작은술
마늘 2톨
맛술 1큰술
물 8컵

**초계탕 국물**
육수 6컵
국간장 2큰술
식초 2큰술
굵은소금 약간

**01** 닭가슴살은 끓는 물에 한 번 데쳐서 건져 낸 다음 냄비에
대파, 마늘, 통후추, 맛술을 넣고 끓으면 닭가슴살을 넣어서 육수를 낸다.

**02** 달걀은 황백지단을 부친 다음 0.2×5cm 그기로 채 썰어 준비한다.

**03** 오이, 석채, 낭근, 셀러리는 0.2×5cm 크기로 채 썰이 친 물에 담갔디 체에 밭쳐
물기를 제거한다.

**04** 미나리는 잎을 제거한 다음 씻어서 식초를 탄 물에 5분간 담갔다가 물기를 제거하고,
4cm로 자른다.

**05** 01의 닭가슴살이 익으면 건져 내어 먹기 좋게 결대로 찢어서 준비한다.

**06** 05의 닭육수는 식혀서 면포에 거른 뒤 국간장, 식초, 소금을 넣어서
간을 맞춘 다음 냉장한다.

**07** 그릇에 채소와 닭가슴살을 담고 육수를 부어 낸다.

**+TIP**

+ 닭가슴살을 삶을 때 뚜껑을 덮고 중약불에서 은근히 끓여야 육수가 잘 우러나고 국물이 졸지 않는다.
+ 삶은 메밀면이나 소면을 곁들이면 한 끼 식사로도 충분하다.

닭가슴살은 끓는 물에 한 번 데친 뒤 대파, 마늘, 통후추와 함께 삶는다.

노른자와 흰자를 분리해 지단을 부친다.

각각 채를 썰어 준비한다.

셀러리는 줄기의 질긴 부분을 벗겨 낸다.

셀러리의 줄기를 곱게 채 썬다.

미나리는 식초를 약간 뿌린 물에 담가 둔다.

오이는 껍질을 돌려깎기 한다.

오이를 곱게 채 썬다.

적채는 곱게 채 썬 다음 찬물에 담갔다가 물기를 제거해 준비한다.

닭가슴살이 익으면 건져서 손으로 먹기 좋게 찢어서 준비한다.

닭육수는 식혀서 면포에 거른다.

닭육수에 국산상, 식초, 소금을 넣어 산을 맞춘 뒤 차게 식힌다.

06
DIET FOOD
담백하고
든든한

다이어트
요리

# 치킨수프

**재료:** 닭가슴살 1조각, 달걀흰자 1개분, 파프리카
(빨강, 노랑) ¼개씩, 모듬콩(흰강낭콩, 울타리콩)
2큰술, 셀러리 ⅕대, 감자 ½개, 양파 ¼개, 화이트
와인 1큰술, 소금·흰 후추 약간

**1** 닭가슴살은 사방 1cm로 썰어서 준비한다.
셀러리와 파프리카도 같은 크기로 썬다. **2** 감
자는 껍질을 벗긴 다음 1의 재료와 같은 크기
로 얇게 저며 썬 다음 찬물에 담가 둔다. **3** 양
파와 셀러리도 사방 1cm로 썬다. 모듬콩은
씻어서 4시간 정도 불려 둔다. **4** 냄비에 닭가
슴살과 감자, 모듬콩, 양파와 물을 넣고 끓인
다. **5** 달걀흰자는 거품을 내고 닭가슴살 위에
펴 담은 다음 약불에서 끓인다. **6 5**의 달걀흰
자가 어느 정도 굳었으면 불을 끄고 흰자를
걷어낸다. **7** 소금, 흰 후추를 넣어서 간하고,
셀러리와 파프리카를 넣어서 그릇에 담는다.


+ 닭은 삶으면 기름이 많이 뜨는데 달걀흰자를
  넣으면 기름을 잡아주어 국물 맛이 깔끔해진다.

# 닭안심뿌리채소 샐러드

**재료:** 닭 안심 6조각, 무(2cm) 1토막, 당근 ⅛개, 연근 ⅙개, 우엉(10cm) 1토막, 견과류(해바라기씨, 호박씨) 2큰술

**향채:** 마른 청양고추 2개, 생강 1톨, 마늘 2톨, 맛술 1큰술

**당근드레싱:** 당근 ⅓개, 올리브오일 2큰술, 식초 1큰술, 올리고당 1큰술, 쪽파 2줄기, 검은깨 1작은술, 소금·후추 약간

1 닭 안심은 찬물에 10분간 담갔다가 끓는 물에 데친다. 2 냄비에 향채와 물을 넣고 끓으면 1의 닭 안심을 넣고 20분간 삶는다. 3 무, 당근 채 썰어서 찬물에 담갔다가 물기를 제거한다. 4 연근을 얇게 저민 다음 찬물에 담가 두고, 우엉도 곱게 채 썬 다음 찬물에 담가 둔다. 5 4의 연근과 우엉을 끓는 물에 소금을 넣고 데친 다음 찬물에 헹궈 둔다. 6 견과류는 볶아서 식힌다. 7 당근은 잘게 썰어서 믹서에 곱게 갈고, 쪽파는 송송 썬 다음 나머지 재료를 넣어서 잘 섞는다. 8 접시에 채소와 안심을 담고 드레싱을 뿌린다.

**+TIP**

+ 연근은 쉽게 변색되는데 데칠 때 식초를 약간 넣으면 하얗고 깨끗한 색을 유지할 수 있다.

# 닭가슴살샐러드

**재료:** 닭가슴살 1조각, 양상추잎 4장, 치커리잎 3장, 겨자잎 3장, 비타민 1개, 래디시 2개, 맛술 1큰술
**향채:** 마른 청양고추 2개, 생강 1톨, 마늘 2톨, 맛술 1큰술
**요거트·머스타드드레싱:** 홀그레인머스타드 1큰술, 요거트 100g, 식초 1큰술, 후추 약간, 딜 약간

**1** 닭가슴살은 헹군 다음 찬물에 10분간 담갔다가 데친다. **2** 냄비에 물을 붓고 향채를 넣어 끓이다가 물이 끓으면 1의 닭가슴살을 넣어 속까지 익도록 30분간 삶는다. **3** 2의 삶은 닭가슴살을 한 김 식힌 다음 먹기 좋게 찢어서 준비한다. **4** 양상추를 먹기 좋게 뜯어 찬물에 5분간 담갔다가 물기를 제거한다. **5** 치커리잎, 겨자잎, 비타민도 비슷한 크기로 썰어 찬물에 담갔다가 물기를 뺀다. **6** 채소는 모두 냉장고에 30분간 넣어 둔다. 래디시는 얇게 저민다. **7** 재료를 섞어 요거트·머스터드드레싱을 만든다. **8** 접시에 채소와 닭가슴살을 보기 좋게 담고 드레싱을 뿌려 낸다.

**+TIP**

+ 닭고기를 삶기 전에 끓는 물에 살짝 데치거나 뜨거운 물을 끼얹어 재빨리 씻어낸 뒤 삶으면 불순물이 제거되고 누린내도 없어져 더 담백한 맛을 낼 수 있다.

# 닭고기스파게티

**재료:** 닭가슴살 1조각, 파프리카(빨강, 노랑) $^1/_3$개씩, 콜리플라워 $^1/_8$개, 마늘 2톨, 스파게티면 70g, 다시마 우린 물 1컵, 올리브오일 1큰술, 다진 파슬리 1큰술, 파르메산 치즈 적당량, 소금·후추 약간

**1** 닭가슴살은 씻어서 물기를 제거한 다음 1cm 두께로 썬다. **2** 1의 닭가슴살을 다시마 우린 물에 삶듯이 볶는다. **3** 냄비에 물이 끓으면 스파게티 면을 넣고 삶는다. 면 삶은 물은 조금 남겨 둔다. **4** 파프리카는 채 썰고, 마늘은 편으로 썬다. **5** 콜리플라워를 썰어서 데친 다음 찬물에 식힌다. **6** 달군 팬에 올리브오일을 두른 뒤 마늘을 넣어서 볶다가 채소를 넣어서 볶는다. **7** 볶은 채소에 스파게티 면을 넣고 면 삶은 물을 조금 넣어서 채소와 잘 어우러지도록 볶는다. **8** 스파게티에 소금, 후추를 넣고 볶다가 불을 끄고 그릇에 담은 다음 파르메산 치즈와 다진 파슬리를 뿌려서 낸다.

**+TIP**

+ 스파게티 면을 삶은 뒤 올리브오일을 약간 넣어 버무려 두면 면이 서로 붙거나 표면이 마르지 않는다.

# 닭고기샌드위치

**재료:** 치아바타 1개, 닭가슴살 1조각, 토마토 1개, 양파 $1/3$개, 로메인잎 4장, 홀그레인머스터드 1큰술, 소금·후추 약간, 올리브오일 1큰술

**1** 닭가슴살은 씻은 다음 포를 떠서 소금, 후추, 올리브오일에 재운다. **2** 밑간한 닭가슴살을 팬에 노릇하게 굽는다. **3** 치아바타는 기름을 두르지 않은 팬에 굽는다. **4** 토마토는 썰어서 수분을 제거한다. **5** 양파는 썰어서 소금을 뿌려 둔 뒤 수분을 제거한다. **6** 로메인은 씻어서 물기를 제거한다. **7** 치아바타에 홀그레인머스터드를 바르고 로메인, 양파, 토마토, 닭가슴살을 넣는다.

**+TIP**

**+** 치아바타를 그릴이나 토스터에 구워 그릴 무늬를 내면 더욱 먹음직스럽게 연출할 수 있다.

# 닭감잣국

**재료:** 닭가슴살 1조각, 감자(작은 것) 1개, 표고버섯 2개, 대파 ¼대, 마늘 2톨, 국간장 1큰술, 멸치백 1개, 물 2컵, 소금 약간

**1** 닭가슴살은 씻어서 물기를 제거한 다음 사방 2cm로 썬다. **2** 감자는 껍질을 벗긴 다음 2cm로 썰어서 찬물에 담가 둔다. **3** 표고버섯은 꼭지를 제거한 다음 손에 탁탁 털어서 2cm로 썬다. **4** 대파는 어슷하게 썰고 마늘은 편으로 썬다. **5** 냄비에 멸치백과 물을 넣어서 끓으면 멸치백을 꺼낸다. **6** 5의 국물에 닭가슴살과 감자를 넣고, 감자가 익었으면 국간장을 넣는다. **7** 표고버섯, 대파, 마늘, 소금을 넣어서 간을 맞춘 다음 한소끔 끓여서 그릇에 담는다.

**+TIP**

| 멸치백은 국물용 멸치글 준비하는데.
　내장을 제거해 쓴맛이 우러나지 않도록 한다.

# 닭가슴살죽순냉채

**재료:** 닭가슴살 1개, 죽순 $^1/_2$개, 양파 $^1/_3$개, 오이 $^1/_2$개

**향채:** 마른 청양고추 2개, 생강 1톨, 마늘 2톨, 맛술 1큰술

**소스:** 두부 50g, 들깨가루 2큰술, 식초 2큰술, 올리고당 1큰술, 소금 약간

**1** 닭가슴살은 찬물에 10분간 담갔다가 끓는 물에 데친다. **2** 냄비에 향채와 물을 넣고 끓으면 1의 닭가슴살을 넣고 20분간 삶는다. **3** 2의 닭가슴살을 한 김 식힌 다음 먹기 좋게 찢어 둔다. **4** 통조림 죽순은 속의 하얀 석회를 제거한 뒤 끓는 물에 살짝 데친 다음 3cm 길이로 편 썰어 둔다. **5** 양파는 곱게 채 썰어서 찬물에 담갔다가 물기를 제거하고, 오이도 반달 모양으로 썰어서 찬물에 담갔다가 물기를 제거한다. **6** 소스 재료를 믹서에 넣어서 곱게 간다. **7** 닭가슴살과 채소를 버무려 그릇에 담고 소스를 뿌린다.

**+TIP**

+ 닭고기를 삶기 전에 끓는 물에 살짝 데치거나 뜨거운 물을 끼얹어 재빨리 씻어낸 뒤 삶으면 불순물이 제거되고 누린내도 없어져 더 담백한 맛을 낼 수 있다.

# 닭고기라이스 페이퍼말이

**재료:** 닭가슴살 1조각, 아스파라거스 2개, 양상추 잎 2장, 새싹채소 ¼컵, 깻잎 6장, 다시마 우린 물 1컵, 라이스페이퍼 6장
**소스:** 피시소스 1큰술, 레몬즙 2큰술, 청양고추 1개, 홍고추 1개, 양파 ¼개

**1** 닭가슴살은 씻은 다음 푸를 떠서 팬에 다시마 우린 물을 넣고 삶듯이 굽는다 **2** 1의 구운 닭가슴살을 굵게 채 썰어 둔다. **3** 양상추를 물에 담갔다가 물기를 제거하고, 깻잎도 씻어서 물기를 제거한다. **4** 아스파라거스는 끓는 물에 데친 다음 찬물에 헹궈서 4cm로 썰어 둔다. **5** 새싹채소는 씻어서 물기를 제거해 둔다. **6** 고추와 양파는 잘게 썰어서 나머지 재료를 넣고 섞어 둔다. **7** 라이스페이퍼를 뜨거운 물에 담가 부드러워지면 준비한 재료를 넣고 잘 싼다. **8** 라이스페이피말이를 믹기 좋게 잘라서 소스와 곁들여 낸다.

**+TIP**
+ 라이스페이퍼의 양옆을 접어 붙여 고정한 뒤 아랫면을 잡고 단단하게 말면 에쁘게 말 수 있다.

코코넛밀크의 은은한 단맛이 느껴지는

# 닭가슴살코코넛수프

**재료:** 닭가슴살 1조각, 양배추잎 2장, 당근(2cm) 1토막, 셀러리(10cm) 1토막, 양파 1/4개, 레몬즙 1 큰술, 소금·후추 약간, 코코넛밀크 2큰술, 물 2컵

**1** 닭가슴살은 씻어서 0.5cm 두께로 채 썰어 둔다. **2** 양배추, 양파는 닭가슴살과 같은 크기로 채 썰고, 당근도 같은 크기로 썰어 둔다. **3** 셀러리는 깨끗하게 씻어서 양파와 같은 크기로 채 썰어 준비한다. **4** 냄비에 물을 넣고 끓으면 닭가슴살을 넣어서 익힌다. **5** 4의 닭가슴살이 익었으면 나머지 채소를 넣고 소금으로 간한다. **6** 5에 코코넛밀크를 넣은 다음 한소끔 끓으면 레몬즙을 넣고 불을 끈다.

**+TIP**

+ 셀러리는 줄기보다 잎에 영양 성분이 더 많으나 잎은 쓴맛이 나서 줄기만 사용한다.

# 닭고기토마토탕

**재료:** 닭가슴살 1조각, 방울토마토 6개, 달걀 1개, 양파 ¼개, 팽이버섯 ½봉, 대파(푸른 부분) ¼대, 물녹말 2큰술, 물 2컵, 간장 1작은술, 참기름 ½큰술, 후추 ⅓작은술, 다진 마늘 1작은술, 소금 약간

**1** 닭가슴살은 씻어서 물기를 제거한 다음 사방 2cm로 잘라서 준비하다. **2** 방울투마투는 반 잘라서 준비한다. 대파는 어슷하게 썰어서 준비한다. **3** 양파는 채 썰고, 팽이버섯은 3cm로 썰어 둔다. **4** 달걀은 깨서 그릇에 담고 잘 풀어 둔다. **5** 냄비에 물을 넣고 끓으면 닭가슴살을 넣어서 국물이 반으로 줄도록 중불에서 익힌다. **6** 팽이버섯, 대파, 간장, 소금을 넣어서 간한 다음 물녹말로 농도를 낸다. **7** 달걀을 풀어서 넣은 다음 냄비의 불을 끄고 방울토마토를 넣는다. **8** 참기름, 후추를 넣고 잘 섞어서 그릇에 담는다.

**+TIP**

+ 방울토마토 대신 토마토를 먹기 좋은 크기로 실라 써노 부망하나.

## 찾아보기

# SANDWICH 샌드위치

**저자** 박선희 ｜ **페이지** 208쪽
**발행** 2014년 5월 22일 ｜ **값** 14,800원

주재료인 빵, 채소, 육류, 육가공제품, 치즈, 해산물, 피클, 스프레드와 소스에 대해 상세히 설명하고 있다. 그리고 홈메이드 스프레드와 소스 만드는 법, 인기 샌드위치 Best 5 레시피, 언제 먹어도 맛있는 콜드 샌드위치, 요리처럼 즐기는 따뜻한 샌드위치, 심플하고 편리한 포장 아이디어와 남는 빵 활용법까지 수록되어 있다.

# JAM 잼

**저자** 김수경 ｜ **페이지** 216쪽
**발행** 2014년 7월 1일 ｜ **값** 14,800원

싱싱한 제철 과일을 비롯해 사계절 풍성한 채소와 홍차·우유·커피처럼 특별한 재료로 만드는 다양한 잼 레시피를 한 권에 모았다. 콤포트·시럽·스프레드 만드는 법과 완성된 잼을 소스·드레싱·토핑으로 활용한 요리, 선물로 손색없는 잼 포장법까지 모두 수록되어 있다.

# JUICE 주스

**저자** 김상영 ｜ **페이지** 208쪽
**발행** 2014년 7월 31일 ｜ **값** 14,800원

채소와 과일로 크게 분류한 주재료에 맛과 영양을 업그레이드 시켜줄 여러 가지 재료를 혼합해 만든 쉽고 건강한 100가지 주스! 100개의 레시피마다 생활에 도움이 되는 영양과 킹킹 정보글 딧붙이고, 홈메이드 주스를 활용해 만드는 다양한 요리법끼지 소개한다.

# 맛있다! 피클**PICKLE**

**저자** 김수경 | **페이지** 312쪽
**발행** 2015년 2월 20일 | **값** 18,000원

기존의 〈피클PICKLE〉보다 31종의 피클이 추가되고 활용레시피가 더욱 강화되었다. 배추, 양파, 당근, 무, 아스파라거스, 비트, 연근, 파프리카 등으로 만드는 개운한 채소 피클과 배, 레몬, 청포도 등으로 만드는 상큼한 과일 피클, 달걀, 새우, 연어, 두부 등으로 만드는 특별한 피클과 건강한 컬러푸드 정보까지 빼곡하다.

# 양념&소스

**저자** 김상영 | **페이지** 260쪽
**발행** 2015년 5월 26일 | **값** 14,800원

어머니가 차려 주시는 정성 가득한 밥상을 떠올리며 간단한 요리라도 직접 만들어 보려 하지만, 어떻게 맛을 낼지 막막했던 경험이 있다면 이 책을 주목해 보자. 직접 만들어 더 건강하고 맛있는 만능양념 10가지와 홈메이드소스 8가지, 이를 이용한 한식은 물론 중식, 일식, 양식 요리까지 다양한 요리 레시피를 소개한다.

# 콩·두부

**저자** 김외순 | **페이지** 320쪽
**발행** 2015년 10월 5일 | **값** 16,800원

콩은 그 자체로도 훌륭한 식재료지만 가공 과정을 거치면 콩국, 두유, 비지, 두부, 두부피, 유부 등 색다른 모양과 식감을 지닌 식품으로 재탄생한다. 이런 콩과 두부를 활용한 한식 요리와 세계의 이색적인 일품요리, 퓨전요리, 디저트 레시피를 소개한다. 세계적인 관심을 받는 수퍼푸드인 콩과 두부로 만든 특별하고 색다른 요리가 궁금하다면 이 책을 펼쳐 보자!

# SOUP 수프

**저자** 김수경 ｜ **페이지** 244쪽
**발행** 2015년 12월 7일 ｜ **값** 14,800원

고기, 해산물, 채소, 곡물 등을 여러 가지 조합으로 섞어 만든 수프 한 그릇이면 다양한 영양소를 골고루 섭취할 수 있고 소화기관을 자극하지 않아 영양식이나 야식으로도 좋다. 이 책은 크게 '스톡', '수프', '가니쉬' 파트로 나뉘며, 요리 단계별로 쉽게 따라할 수 있게 구성되었다. 또한 수프 활용 요리를 수록해 색다른 요리로 응용할 수 있는 팁을 제시한다.

# CAN 통조림

**저자** 김수경 ｜ **페이지** 232쪽
**발행** 2016년 4월 15일 ｜ **값** 14,800원

가장 많이 애용하는 통조림 19가지를 선별해 우리가 알고 있는 익숙한 레시피뿐만 아니라 동서양의 일품요리를 응용한 델리(deli) 메뉴, 디저트 레시피도 소개하고 있다. 이 책은 '해산물 통조림 요리', '고기&곡물 통조림 요리', '채소&과일 통조림 요리'로 나누어져 있으며, 책 후반부에는 빈 캔을 활용한 인테리어 소품 만드는 법까지 수록되어 있다.

# FRUIT WINE 술

**지자** 김체정 ｜ **페이지** 208쪽
**발행** 2016년 8월 10일 ｜ **값** 14,800원

신선한 제철 과일로 담근 몸에 좋은 홈메이드 과일주와 커피, 젤리 등으로 만드는 특별한 칵테일, 선물하기 좋은 술 포장법을 한 권에 담았다. 적당한 양의 음주는 숙면에 도움을 줄 뿐만 아니라 소화와 신진대사를 원활하게 한다. 기분 좋은 일이 있거나 귀한 손님을 맞이할 때 고이 모셔둔 술을 꺼내 풍요로운 시간을 즐기고 싶다면 이 책을 권한다.

GLOBAL FOOD · CHICKEN

# CHICKEN 닭요리


**초판 1쇄 인쇄** 2017년 2월 22일
**초판 1쇄 발행** 2017년 3월 2일

**발행인** 이웅현
**발행처** (주)도서출판 도도

**전무** 최명희
**기획 · 진행** 박주희
**편집 · 교정** 박주희, 김정주
**디자인** 김진희
**제작** 퍼시픽북스
**홍보 · 마케팅** 이인택

**요리 · 스타일링** 김외순
**사진** 정준택(fun studio)
**요리 어시스턴트** 김정연, 이주연, 정진영, 정소이
**그릇 협찬** (주)노빌코리아(www.nobil.co.kr)
**닭고기 협찬** (주)참프레 063)580-6093

**출판등록** 제300-2012-212호
**주소** 서울시 중구 충무로 29 아시아미디어타워 503호
**전자우편** dodo7788@hanmail.net
**문의** 02)739-7656

Copyright ⓒ (주)도서출판 도도

**ISBN** 979-11-85330-40-2
**정가** 15,800원





이 도서의 국립중앙도서관 출판예정도서목록(CIP)은 서지정보유통지원시스템 홈페이지(http://seoji.nl.go.kr)와
국가자료공동목록시스템(http://www.nl.go.kr/kolisnet)에서 이용하실 수 있습니다.
(CIP제어번호: CIP2017002935)